DIY HYDROPONIC GARDENS

无土栽培安全蔬菜全程图解

（美）泰勒·巴拉斯（Tyler Baras）著
李 强 余宏军 蒋卫杰 等译

化学工业出版社
·北京·

内容提要

本书读者群体广泛，适合具备不同园艺种植经验的读者应用无土栽培技术。本书从无土栽培的概念和特点、无土栽培装备的设计与建造、栽培蔬菜的种植和水肥管理、蔬菜栽培品种推荐和对应栽培方法、栽培过程中常见问题及解决办法等多个方面进行了全方位的讲解，不仅使读者能够获得无土栽培的科学知识，还图文并茂地提供了应用性十分强的详细操作规程，让读者在家就能建造属于自己的无土栽培菜园。本书内容翔实，配套大量实操性高清彩图，既兼顾了技术应用型图书的实用性，又不乏趣味性，让园艺爱好者，特别是无土栽培爱好者，能够真正学到可以实际操作的无土栽培技术。通过本书的阅读和学习，读者可以因地制宜动手建造适合自己的无土栽培菜园，生产安全健康的绿色蔬菜。

DIY Hydroponic Gardens，First edition/by Tyler Baras

ISBN 978-0-7603-5759-0

图书在版编目（CIP）数据

无土栽培安全蔬菜全程图解/（美）泰勒·巴拉斯（Tyler Baras）著；李强等译. —北京：化学工业出版社，2020.6（2022.6 重印）

书名原文：DIY Hydroponic Gardens

ISBN 978-7-122-36341-1

Ⅰ.①无… Ⅱ.①泰… ②李… Ⅲ.①蔬菜园艺-无土栽培-图解 Ⅳ.①S630.4-64

中国版本图书馆CIP数据核字（2020）第034373号

责任编辑：漆艳萍　　装帧设计：韩　飞

责任校对：宋　玮

出版发行：化学工业出版社（北京市东城区青年湖南街13号　邮政编码100011）

印　　装：天津画中画印刷有限公司

889mm×1194mm　1/16　印张11　字数185千字　　2022年6月北京第1版第3次印刷

购书咨询：010-64518888　　售后服务：010-64518899

网　　址：http://www.cip.com.cn

凡购买本书，如有缺损质量问题，本社销售中心负责调换。

定　　价：98.00元

作者简介

泰勒·巴拉斯（Tyler Baras），被誉为“农民泰勒”，著名无土栽培技术专家，在家庭化和商业化无土栽培生产技术方面均有丰富的经验。除了为家庭园艺爱好者和园艺行业从业者写书外，泰勒还录制了一系列园艺教学视频放在他的个人网站，可以为不同专业水平的无土栽培从业者提供帮助。

泰勒毕业于佛罗里达大学园艺科学系有机农业专业。就读期间，他先后前往西班牙和中国，学习西班牙的有机农业生产技术，以及中国的设施农业（温室生产）相关知识。毕业后，他在美国第一批获得有机认证的无土栽培农场工作，主要负责作物生产。2013 年，泰勒搬到了科罗拉多州丹佛市，在 GrowHaus 公司担任无土栽培农场经理。他不仅为经营的农场创收盈利，还非常成功地开展了一项无土栽培实习项目，该项目毕业生的就业率高达 90%。这个无土栽培农场目前已由该实习项目的毕业生管理，并持续不断地为 Whole Foods 超市、Safeway（西夫韦）超市和当地市场提供生菜。2015 年，泰勒搬到了德克萨斯州达拉斯市，在这里他设计并建造了一套无土栽培示范设备，旨在研究各种小型商用无土栽培系统的生产效率。基于这台设备采集的数据，他写了一本介绍商业化无土栽培生产技术的书（可咨询 Hort Americas 公司购买）。在德克萨斯州时，泰勒还设计并建造了一套家用无土栽培示范设备，这套设备曾在多个“农民泰勒”教学视频中出镜。美国电视节目“艾伦·史密斯教授的花园之家（P. Allen Smith's *Garden Home*）”也采访过泰勒，并在节目中展示了他的无土栽培示范设备，该节目在美国公共电视台（PBS）和全国联合电台上均有播出。目前泰勒是一名无土栽培技术顾问，参与了几个著名的项目，包括在中央市场建造集装箱农场（Central Market's Growtainer），建立第一家食品杂货店与农业生产相结合的农场。泰勒的教学视频还在持续更新中，可以通过电子杂志《都市农业新闻》（*Urban Ag News*）和他的个人网站观看。

特别致谢

Chris Higgins
Cyrus Moshrefi
David & Mary Jo Baras
Federico Martinez Lievano
Hort Americas, LLC
Hydrofarm, Inc.
P. Allen Smith
Rebecca Jin
Ruibal's Plants of Texas
Shawna Coronado

无土栽培安全蔬菜全程图解

译者名单：李 强 余宏军 蒋卫杰 路 涛

蒋卫杰简介

蒋卫杰，博士，现为中国农业科学院蔬菜花卉研究所研究员、博士生导师，国家大宗蔬菜产业技术体系无土栽培岗位专家，国家公益性行业科技项目首席专家，国家重点研发计划项目首席专家，欧盟 H2020 计划“城市农业”项目中方牵头人。中国园艺学会设施园艺分会会长，中国蔬菜协会基质分会会长。主要从事温室作物无土栽培技术和逆境生理的研究，研究内容包括无土栽培模式、无土栽培基质和营养液配制、基质培蔬菜根际环境调控、蔬菜栽培生理、蔬菜水分和养分精准管理、温室作物低温和弱光逆境调控机制、无土栽培集成技术、无土栽培作物全程管理等。

1985 年毕业于南京农业大学，1990 年在中国农业科学院研究生院毕业后，一直在中国农业科学院蔬菜花卉研究所从事设施园艺和无土栽培的研究和推广工作，其间 1991 年到美国俄亥俄州立大学园艺系开展合作研究；2008—2009 年参加中组部第九批博士服务团，到宁夏银川挂职，任银川市兴庆区人民政府副区长。

现任九三学社中央农林委员会委员，九三学社中央社会工作咨询委员会委员，《作物杂志》《中国蔬菜》《温室园艺》编委。先后被联合国粮农组织、非洲开发银行、加勒比开发银行、加拿大国际开发署等国际组织聘为咨询专家，多次到非洲、拉美地区进行项目可行性研究调研和传授中国设施园艺技术。 先后到全国 25 个省（区、市）讲课、传授蔬菜无土栽培生产技术，编写技术推广资料 30 多万字。2005 年被中国科协授予全国农村科普工作先进个人荣誉称号。

以第一作者出版著作 5 部、译著 1 部，发表论文 100 余篇。研发的蔬菜无土栽培技术先后获农业部中华农业科技二等奖 2 项、北京市科技进步二等奖 3 项、三等奖 2 项。有机生态型无土栽培技术 2003 年获全国发明博览会金奖。

译者序

本书是 2018 年美国 Quarto 出版集团（The Quarto Group）出版的 Quarto Knows 系列丛书 *DIY Hydroponic Gardens* 的中文版。英文版从出版后就在亚马逊美国网站上得到了极高的评价，是 2018 年亚马逊网站上家庭园艺类书籍销量最好的一本。化学工业出版社以极快的速度引进这本书，使国内读者在原版出版两年就读到本书，不得不赞扬他们独到的眼光。本书翻译完稿时，其英文版的销量还是排在专业书籍的前列，作者 Tyler Baras 一直在个人网站上发布他制作的关于园艺种植技术的教学视频和博客。

Tyler Baras 毕业于佛罗里达大学园艺科学系，现就职于 Hort Americas 公司，负责管理德克萨斯州达拉斯市的无土栽培温室（Dallas Grown）。Tyler 曾先后前往多个国家学习、交流无土栽培技术，在美国多家著名的无土栽培农场担任技术顾问，在家庭式和商业化无土栽培生产方面具有丰富的经验。本书从无土栽培的概念和特点、无土栽培装备的设计与建造、蔬菜生长过程中的水肥管理和病虫害防治、蔬菜栽培品种推荐和对应栽培方法、栽培过程中常见问题和解决办法等多个方面进行了全方位的讲解，并进行了系统归类，不仅能使读者快速获取无土栽培的理论知识，还图文并茂地提供了应用性十分强的详细操作规程，让读者在家就能建造属于自己的无土栽培菜园。

随着无土栽培技术的广泛应用，渴望学习这类技术的人员已不限于蔬菜 / 花卉种植户或农技人员。在城市中，快节奏工作的白领、孤独寂寞的老人、渴望亲近自然的孩子，他们都迫切需要一种绿色健康的生活方式，使心绪得到调整。利用空余时间进行适当的农业生产劳作，有益于增强体质，有助于城市老年人获得规律性与回归自然相结合的健康生活，为城市儿童带来更多的绿意与欢乐。

目前，市场上关于无土栽培技术的书籍比较常见，但主要以教材为主，目标读者主要是学校和培训机构。对于毫无经验的家庭来说并不实用，可操作性较差，而针对爱好无土栽培的个人或家庭，市场上尚未见到能够满足该群体需求的书籍。本书适合具备不同园艺种植经验的读者应用无土栽培技术。书中内容翔实、图片丰富生动，兼顾了技术应用型图书的实操性，但又不乏趣味性，让园艺爱好者，特别是无土栽培爱好者，能够真正学到可以实际操作的无土栽培技术。通过这本书的阅读和学习，读者可以因地制宜，动手建造适合自己居住空间的无土栽培菜园，生产安全健康的绿色蔬菜，并在这一过程中得到精神的舒缓。

本书的翻译工作由李强、余宏军、蒋卫杰、路涛共同完成。另外，张雪、刘鹏、王恒、柴琳、徐竞成、王聪等也对本书的部分翻译提供了帮助。这里对他们的帮助表示由衷的谢意。由于英文的习惯与汉语有较大的差异，对于一些特别长的句式，译者按照原文的意思进行了分解处理。关于书中的术语，译者尽量采用中文已有的对应术语，如果没有对应术语，译者尽量采用贴切的名称来反映原文中的术语。由于译者水平有限，书中可能会有翻译不当之处，希望读者多加指正。

蒋卫杰

2020 年 1 月，于北京

目录

1 概述

本书介绍的无土栽培技术适用于不同水平的园艺爱好者，种植者将会学到无土栽培基础知识及应用方法。DIY 无土栽培系统不仅能省钱，还可以帮助种植者建造符合个人需求和审美的菜园。本书提供多种无土栽培系统建造指南，从简单到复杂，几乎涵盖所有需求。建造指南包含许多自定义选项，方便种植者修建一个适合个人空间、作物需求和预算的菜园。此外，本书还提供了作物品种选择建议，可以避免园艺新手因作物品种选择错误而浪费时间和金钱。总之，学习“农民泰勒”的丰富经验，种植者可以避开无土栽培种植新手常犯的错误，避免付出金钱的代价。相关知识懂得越多，种植效果越好！

1.1 什么是无土栽培

简单地说，无土栽培就是不用土壤栽培作物。大多数人认为植物生长离不开土壤，通过这本书，你会了解到事实并非如此。我们可以利用其他基质材料代替土壤的各项功能。首先，土壤可以支撑植物生长，辅助根部对植株的固定作用，同时为植物根系提供生长环境，为其保湿保温。如果没有土壤的固定作用，高大的树木在风中将无法保持直立。但是无土栽培可以利用各种栽培基质和栽培架取代土壤以固定植株。其次，土壤可以为植物生长提供所必需的养分。

不过同样地，无土栽培的植物可以从有机固态肥或营养液中获取生长所需的水溶性养分。此外，土壤中的微生物可以与根系产生有利的互作，这些微生物也同样可以在无土栽培系统中生存和繁殖。因此，建造家庭菜园时，我们可以用无土栽培取代土壤栽培。

1.2 无土栽培的优势

（1）不受土地条件限制　人们通常认为，只有那些拥有大片土地的幸运儿才能从事园艺。无土栽培技术为那些没有土地或者没有宜耕地的人提供了拥有家庭菜园的机会。无土栽培和设施园艺相结合可帮助园艺爱好者将家庭菜园建造在家里的各个角落。

（2）作物长势强　土壤栽培中，总有一些限制因素阻碍作物的生长，不能实现其生长潜力最大化。植物根系有时需要寻找养分。这是因为土壤养分在空间分布上总是存在不均匀性，且有因未被微生物分解而不能被根系有效利用的有机物（例如粪便），还有一些养分因固定在土壤颗粒中，无法被植物利用，上述原因都会导致植物缺素。此外，水分过多或过少均会限制植物生长。水分过多会导致根系缺氧，阻碍根系吸收水和养分。无土栽培和设施园艺相结合，将作物栽培在营养液中，并为其提供精确合理的养分、水分和氧气条件，可以充分发挥作物的生产潜力。

（3）节省空间　土壤栽培中，植物需要不断伸长和扩展根系来获得生长所需的水分和养分。而无土栽培减少了植物根部寻找水分和养分的需要，植物的生长空间不再受根系大小的制约，仅受其冠层大小的制约。

（4）不受季节限制　很显然，室内种植可以延长生长季节。此外，即使处于室外，无土栽培也能明确延长生长季节。与叶温相比，根温对植物的生长发育影响更大。如果能将根系温度保持在 18.3 ～ 23.9℃（65 ～ 75°F）的最佳温度范围内，喜凉作物也可以在 37.8℃ (100°F) 的环境下生长；在寒冷气候下，也可以通过提高根部区域温度种植喜温作物。无土栽培提高了精确调节根区温度的能力。种植者可以利用加热器和冷却器，或更简单的方法（如修建贮液池），通过增加或降低水温促进作物生长。

（5）不受自然条件限制　无土栽培让贫瘠土壤获得新生。地球上许多因气候恶劣或水资源匮乏而不适宜作物生长的地区，都可采用无土栽培生产食物。无土栽培给沙漠栽培创造了机遇。沙漠的气候条件很适合作物生长，不仅光照充足而且虫害较少，但是水资源的匮乏制约其农业的发展，用水量较少的无土栽培技术为建造沙漠农场提供可能。无土栽培还是太空空间站种植植物的主要方法，已经成功利用该技术在空间站进行多种作物（如生菜）生产。

用无土栽培技术在太空空间站种植叶菜类蔬菜。照片源自美国国家航空航天局（NASA）。

（6）节约水资源　无土栽培可以对营养液进行回收循环利用，有效地节约水资源。在土壤栽培中，大部分水分因为蒸发和渗漏而流失，而在无土栽培中，营养液回收后被循环利用，蒸发作用也因系统封闭性而大大减弱甚至消除。

（7）不需要除草　乍一看，除草似乎是个小问题。但对于有除草经历的传统土壤种植者，大多数人会更愿意做其他更有趣的事情，比如准备大餐庆祝收获。无土栽培种植者不需要除草也不需要购买除草剂，更无需担心除草剂流动对作物造成的潜在伤害，即不用担心风会将别处的除草剂吹过来令作物受伤甚至枯萎。

（8）减少杀虫剂使用　室外和温室的无土栽培菜园虽然也会受到害虫侵扰，但是虫害发病率大大降低。因为害虫通常会藏在土壤或腐烂的植物残体中，而它们在无土栽培菜园中难以找到藏身之处。无土栽培与设施园艺相结合的虫害防治技术可以有效地防治菜园虫害，详见 2.6“害虫管控产品和设备”。

（9）减少养分流失　传统耕作的肥料用量很难控制。首先，天气因素不可控，施肥后的暴雨可能会冲走大部分养分；其次，日常灌溉也有可能带走土壤中的养分。先进的无土栽培技术可以实现养分“零流失”。但是它需要种植者对营养液中的水分和化学成分进行检测，还要充分了解作物的特殊养分需求，比较适合有一定专业背景和基础的种植者（园艺行业从业者）。无土栽培爱好者需要每隔几个星期更换无土栽培系统中的营养液，以避免因营养液养分不平衡造成作物缺素。植物消耗不同养分的速度并不一致，因此随着时间的推移，有些养分会累积，而有些会缺乏。定期更换营养液可以确保作物获得均衡的养分。这些废弃营养液并不会被浪费，可以用来浇灌室外菜园或盆栽植物。因此，传统的土壤栽培菜园和无土栽培菜园可以很好地共生。

（10）营养成分可控　人们对无土栽培最常见的误解是：因为无土栽培作物在水中生长，所以产出的农产品营养密度（nutrient density）（通常指食物中以单位热量为基础所含维生素、矿物质和蛋白质等重要营养素的浓度。——译者注）比土壤中生长的产品低。已有多个研究表明，无土栽培和土壤栽培作物的营养密度没有区别。影响作物营养密度的因素很多，比如肥料会影响作物营养成分含量，但是环境因素影响更显著，会大大影响作物对养分的吸收利用。光强和光质，以及灌溉造成的水分胁迫均会影响抗氧化物的含量，温度会影响糖含量。影响作物营养成分的因素有很多，但一般情况下蔬菜都富含营养，差别很小，口感基本不受影响。如果作物的营养密度显著异于正常值，一般会表现出明显的缺素现象。因此无论生长环境如何，只要植物肉眼看起来长势正常，那么它们的养分状况不会有太大差异。

尽管如此，无土栽培种植者仍然开发出一些独特的方法来调控作物的营养成分。在许多商业化无土栽培番茄生产中，在番茄发育的关键时期提高养分供给水平可以诱导番茄含糖量增加。为了确保番茄正常生长，种植者会先提高养分供给水平，诱导糖分增加后，再将养分供给降到正常水平。日本奇布市（Chichibu City）的 Oizumi Yasaikobo 有限公司开发出一种低钾生菜无土栽培技术。这些特殊的生菜专门供给那些因为接受透析治疗而不能食用含高钾蔬菜的肾脏疾病患者。世界各地还有很多与其类似的例子，根据消费者需求生产特殊作物，充分体现了种植者可以精准控制作物生长环境的能力。

（11）作物生长特性可控　除了营养成分，无土栽培和设施园艺相结合还可以调节作物的叶片大小、叶片颜色、根系大小和植株高度等其他生长特性。种植者可以通过光质调控植株生长形态。例如，利用蓝光可以让植株生长更紧凑，减少作物对垂直空间的需求。

（12）干净卫生　土壤栽培环境较为脏乱，虽然不算缺点，但也使其在家庭中的应用受限。举例来讲，如果在国际空间站中使用土壤栽培，那么悬浮在空中的土壤颗粒会对敏感设备造成破坏。空间站中，利用无土栽培种植作物的最大优势是干净卫生，而且作物收获以后基本不需要清洗。此外，无土栽培可以保持室内环境整洁、避免泥泞不堪，从而让孩子们可以干净整洁地在教室或家里接触植物。床式无土栽培悬浮菜园是最适合孩子的无土栽培菜园之一，详见“3.7 床式栽培系统”。

（13）操作容易、劳动强度小　与传统土壤栽培相比，无土栽培操作更加容易，易于施肥、易于自动化和不需要除草等。初学者可能觉得无土栽培很复杂，不过用该技术种植一到两批作物后，便会爱上这种栽培方式。

（14）可控性好，重复性好　实践是最好的老师。无土栽培作物生长迅速，生长周期短，有助于种植者在有限时间内快速积累经验。同时，无土栽培种植经验易于复制推广，一旦有人找到了适合当下环境和作物的种植方式，其他人便可以轻松重复这一过程。此外，无土栽培技术使种植者可以精准地重复灌溉频率和肥料供给水平。结合设施园艺技术，种植者还可以进一步加强对作物的管理。通过重复光照强度、光照时间、温度、湿度、二氧化碳水平和气流等环境因素实现同一作物周年生产，不受季节变化和年际变化影响。

（15）防止根腐病和青枯病等土传病害　有些传染性较强的植物病原体可以通过土壤传播。任何一个经历过根腐病或青枯病的土壤栽培种植者都知道，要根除这个问题是非常困难的。这些病原体生活在土壤中，条件适宜时侵害植物引起病害。无土栽培可以从根本上避免土传病害的发生与传播，一旦发现病原体，只要对作物和栽培设施进行清理、洗涤和消毒就可以马上种植下一茬作物。

（16）避免农产品受到污染　传统农业生产中，动物粪便是一种主要的有机肥料。如果在施用前没有适当处理，可能潜在有害病原体（包括大肠杆菌、李斯特菌和沙门氏菌），甚至引发大面积食源性疾病。实际生产中，常常出现不可控的粪便有机肥施用情况，例如野生动物的粪便污染，这让农户很头疼。2011年，美国俄勒冈州暴发大肠杆菌疾病，经调查发现该疾病是由野鹿粪带来的。无土栽培系统往往处在可控的非野生的环境中，很难出现粪便，避免了野生动物的粪便污染。传统土壤栽培的另一个潜在污染源是土壤或水源中的重金属。研究表明，在重金属污染的土壤或者水源中种植的作物会吸收重金属，导致作物重金属中毒。去除土壤中的重金属非常困难，但无土栽培种植者可以使用过滤方法轻松降低水中的重金属含量。

无土栽培发展简史

无土栽培的应用可以追溯到几千年前，当时中国南方的人们已经懂得用芦苇编成筏，筏上钻小孔，浮在水面上，然后把蔬菜种子种在小孔中。20 世纪 20 年代，美国加州大学的威廉·弗雷德里克·格里克（William Frederick Gericke）博士首次提出无土栽培的基本原理，并研发了一些简单的无土栽培营养液配方和种植方法。在格里克的营养液配方基础上，丹尼斯·霍格兰（Dennis Hoagland）和丹尼尔·阿农（Daniel Arnon）在加州大学成功研制全方位营养液配方，即“霍格兰营养液（Hoagland solution）”，这种营养液配方至今仍在沿用。

1.3 无土栽培系统的主要组成部分

无土栽培系统其实很简单。首先，需要一个可以储存营养液且不渗漏的贮液池，有时候也可以将植物直接种在贮液池中。其次，需要一个栽培床来放置植物，栽培床的大小和类型决定了种植的植物种类和产量。通常，还需要安装补光灯和通风系统。最后，需要栽培基质，它可以为植物根系生长储存和释放养分。

1.3.1 贮液池

大多数无土栽培系统都需要一个贮液池，用来储存营养液（肥料和水的混合物），肥料来源有多种选择。营养液适用于多种植物，也可以满足特殊作物的需要。给无土栽培植物施肥就像冲泡冰茶粉一样容易，首先混合粉末或浓缩液体，然后搅拌，就完成了！制作贮液池也很容易，它可以是一个塑料瓶或者玻璃瓶，可以是改造后的普通家居用品（如储物箱），也可以用木头和塑料布搭建，或者直接购买。

1.3.2　栽培床

无土栽培系统中的可调节栽培床适用于所有植物。无土栽培种植者可以通过灌溉频率、花盆和托盘大小、栽培基质和环境条件，为作物创造最佳的生长条件。但是无土栽培的实用性因作物而异。用无土栽培系统种植小麦和玉米虽然可行，但经济效益较低。因为它们往往需要占用大面积土地来保证授粉充分，而无土栽培作为一种高密度的种植方式，不能有效提高其经济价值。不过，用无土栽培系统种植蔬菜和花卉，有着传统土壤栽培无法比拟的优势。在本书介绍的所有无土栽培系统中，最大的区别便在于栽培床的设计不同。例如，循环式无土栽培系统中栽培床的废液会回流到贮液池中。与传统土壤栽培相比，无土栽培系统中营养液的循环利用可以大大减少作物生长所需的水分。

1.3.3　作物

无土栽培作物生长快，产量高。与设施园艺技术相结合的无土栽培系统几乎不需要施用除草剂和农药。由于没有泥土且农药用量少，无土栽培的作物通常比土壤栽培的更干净。有些农产品（如生菜）在清洗时消耗的水多于其生长用水。因此无土栽培除了可以减少作物生长用水量，还可以有效减少清洗农产品所需的用水量。

1.3.4 补光灯

无土栽培系统具有干净和高产的特性，室内种植常采用这种栽培方式。种植者选择室内种植时，通常希望在有限的种植区中获得最大化产出，无土栽培系统可以帮助他们实现这一目标。补光灯是室内种植所需的主要设备。补光灯的类型很多，每种都有各自的优点。通过调节光照强度、光照时间和光质可以调控理想的株型和开花时间，提高作物品质和产量等。本书提及的所有系统与补光灯搭配使用后均可用于室内种植。

1.3.5 栽培基质

传统土壤栽培和无土栽培各有所长。单纯说一种方式比另一种方式更好，可能会吸引投资者对其中一种方式的兴趣，但这样做会让人们忽略这两种方法各具特色的事实。

无土栽培系统使用的肥料与传统土壤栽培大大不同。无土栽培肥料需要提供植物正常生长所需的所有养分，而土壤中仅需要施用几种植物所需的主要养分，因为土壤中已经存在多种养分。因此，可以在土壤中施用无土栽培肥料，但在无土栽培系统中使用土壤栽培使用的肥料是不可行的。首先是因为土壤肥料不能包含植物生长所需的所有养分，更重要的是因为它们可能会污染无土栽培系统

多种多样的无土栽培系统

很难对无土栽培下一个精确的定义，因为它涉及多种不同的生产技术。让我们先了解几个专业术语。

真正的无土栽培：不使用任何基质的无土栽培，也被称为水培。水培技术包括深液流技术（DWC）、营养液膜技术（NFT）和雾培技术。

循环式无土栽培：一种循环利用营养液的无土栽培系统。本书涉及的无土栽培系统均属于循环式系统。

开放式无土栽培：一种不循环利用营养液的无土栽培系统，多余营养液直接排放到环境中，不进行循环利用。

无土栽培最大的特点是用营养液取代土壤为植物提供养分，开放式无土栽培系统十分简单且常见，就是把浇灌营养液的椰糠、草炭或者珍珠岩装在传统的花盆里。虽然它不具备节水的优势，但是适用于某些特定的情况。总之，无土栽培系统形式多样，各有千秋。

中的水。例如，不能在无土栽培系统中使用传统土壤栽培经常使用的粪便。如果在无土栽培系统中使用动物来源的肥料，如粪便、血粉、骨粉、鱼粉和羽毛粉，栽培系统中将产生难闻的气味。传统土壤栽培的最大优势在于可以利用这些动物来源的肥料（通常为肉类工业的副产品）种植植物，避免把它们填埋在垃圾场而浪费。

大多数无土栽培肥料，包括化学肥料，均是通过消耗大量能源的方式从开采的矿物质及其产品中获得。例如哈伯博斯制氨法，即将大气中的氮气 (N_2) 转化为氨 (NH_3)，这种氨可以用来制造尿素 [$CO(NH_2)_2$] 和硝酸铵 (NH_4NO_3)。现代农业很大程度上依赖于开采和合成的肥料。大约有一半的氮肥来自化学工艺，这些肥料滋养的作物养活了数十亿人。

化学肥料与有机肥料各有其优缺点。单看某一方面，其中一种可能存在巨大优势，然而综合多方面比较的话，情况复杂得多。化学肥料的合成过程会排放大量的碳，但是它比有机肥料体积小有利于运输。化学肥料干净、养分含量准确，很适合无土栽培。与传统的土壤栽培相比，使用化学肥料可以避免产生废水，

节省了大量的水资源。这些利弊不断向我们证明，没有一种方法是完美无缺的。因此需要参考学习各类种植方法，并集合它们的优势，创造可持续发展的种植模式。

2

无土栽培设备

无土栽培设备多种多样，除一些特别简易的无土栽培系统，大部分无土栽培系统都需要用水泵来循环营养液。营养液的循环非常重要，空气通过砂滤多孔石（简称砂头）随营养液循环而进入其中，为植物根系供氧。水泵、与其配套的管道以及连接两者的装置是无土栽培系统的核心，种植者在采购过程中需要重点考虑这些方面。

（下文提到的“几分”是英制管道直径大小的叫法。通常说的“几分管”中的几分是指八分之几吋（1 吋 =25.4mm）。常用的有二分、四分、六分、一吋管，其内径分别为 6.4mm、12.7mm、19.1mm、25.4mm。——译者注）

2.1 灌溉

“灌溉”是“浇水”的另一种说法，但是在无土栽培系统中，灌溉并不像常规浇水那样简单。灌溉设备既是提供水肥的工具，又是无土栽培系统中的一个重要组成部分，组建一个具备灌溉功能的系统，需要有下列两种装置：水泵（一般分为两种，一种是有过滤器的水泵，另一种是无过滤器的水泵）和管道，水泵用于吸水并为水的循环提供动力，管道则用于输水。

2.1.1 水泵

选择水泵时需要考虑的主要因素有水泵的扬程、流速以及输水口的尺寸。很多系统仅需一个合适的水泵将水输送到特定的高度即可。比如，如果种植者需要一个可用于潮汐式系统的水泵，那么他应该关注水泵扬程是否大于水泵出水口与苗床间的距离。在营养液膜栽培系统和雾培系统中，当水的流速与水泵流速相同时整套系统将达到最佳的效果，这样既不会因水泵流速过大而导致水溢出，也不会因水泵流速过小导致供水不足。对于这些系统而言，需要重点考虑的问题是水泵的扬程会影响水的流速。相同的一个水泵，在水泵与出水口距离为 1.2m 时，其输水速度为 2.3m^3/h，当其距离达到 3m 时，输水速度为 0.7m^3/h。滴箭（滴灌的滴头）的数量也会影响水的流速，最好选择功率稍大的水泵。此外，阀门可以用来降低流速，但不可以提高流速。

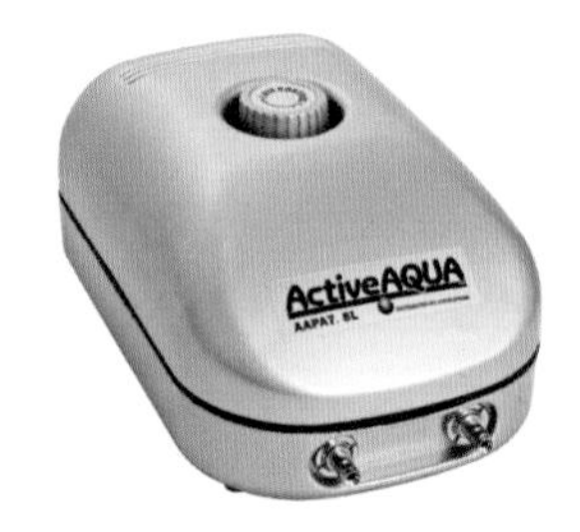

双出口气泵

2.1.2 气泵

气泵不但可以为营养液充气，提高营养液中溶解氧的含量，也可以保证贮液池中的营养液混合均匀。尽管植物会产生氧气，但它也会进行各项生命活动来消耗氧气，比如根系吸水过程。如果根系周围没有充足的氧气，根系将无法吸收水分并向上供给叶片，植物会出现萎蔫现象。增加植物根系周围的氧气含量，能够使植物更健壮，有效地提高产量。

60cm 的活动砂头

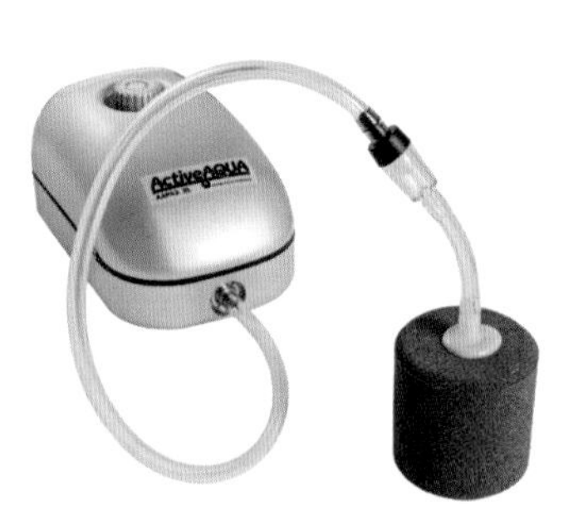

气泵和砂头之间的单向阀能够有效保护气泵。以防在断电或气泵出现故障时，因虹吸现象而产生倒吸，导致气泵损坏。

大型水泵有多个尺寸的出水口。小水泵则广泛应用于 DIY 无土栽培系统，但其可能只能与内径为 7.9mm 的管相连。

1.5m^3/h 输送力的水泵分解图：网状过滤器、可调节进水口、叶轮、吸盘和两个出水口零件。

文氏泵（Venturi Pumps）

将文氏管配备到无土栽培系统中，即可不安装气泵及砂头。文氏管可与水泵连接，也可安装在水管内部。文氏管利用“文丘里效应”，即当流动的液体或者气体通过管中直径较小的一部分时，由于流速增加而压力减小，空气会被吸入管中。将文氏泵放在贮液池壁上，可在循环营养液的同时为营养液充气。

气泵的气流速度以 L/min 为单位。水培系统所需的气流速度受很多因素影响，比如贮液池的大小、水温、作物种类及作物的生长期。通常情况下，一个 19L 水的贮液池，气流速度为 1L/min 的气泵即可充足供氧。

2.1.3 砂头

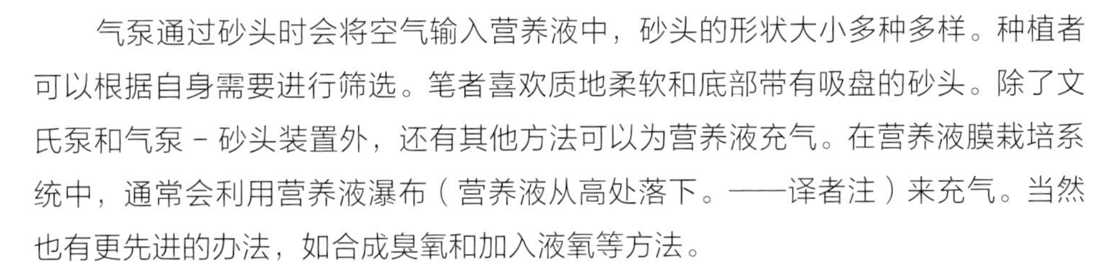

气泵通过砂头时会将空气输入营养液中，砂头的形状大小多种多样。种植者可以根据自身需要进行筛选。笔者喜欢质地柔软和底部带有吸盘的砂头。除了文氏泵和气泵 - 砂头装置外，还有其他方法可以为营养液充气。在营养液膜栽培系统中，通常会利用营养液瀑布（营养液从高处落下。——译者注）来充气。当然也有更先进的办法，如合成臭氧和加入液氧等方法。

黑色乙烯基四分管
（四分管内径为 12.7mm）

2.1.4 管道

灌溉管道各式各样。用于景观美化的传统灌溉管通常非常硬，在水培系统中不好用。黑色的乙烯基管道灵活、结实、适用性广，备受种植者青睐。常见的黑色乙烯基管的内径尺寸是 6.4mm、12.7mm、19.1mm、25.4mm，俗称二分管、四分管、六分管和一吋管（下同）。

透明乙烯基二分管
（二分管内径为 6.4mm）

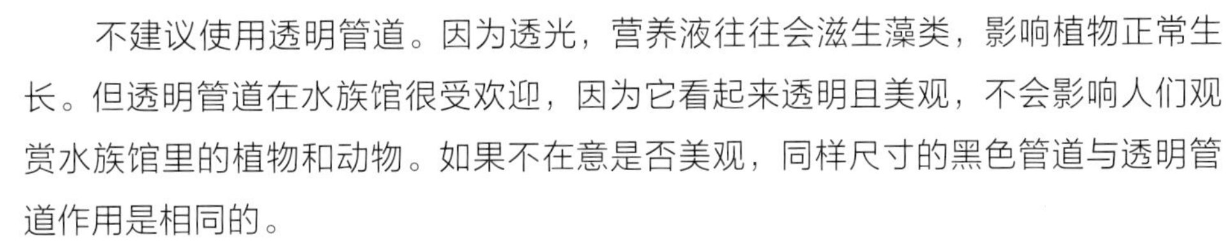

不建议使用透明管道。因为透光，营养液往往会滋生藻类，影响植物正常生长。但透明管道在水族馆很受欢迎，因为它看起来透明且美观，不会影响人们观赏水族馆里的植物和动物。如果不在意是否美观，同样尺寸的黑色管道与透明管道作用是相同的。

灌溉和排水组合套件

四分弯头，即内径为12.7mm的弯头（下同）

四分“T”形连接器，即内径为12.7mm的“T”形连接器（下同）

四分堵头，即内径为12.7mm的堵头（下同）

四分橡胶密封圈，即直径为12.7mm的橡胶密封圈（下同）

球阀（或关闭阀）调控水流。球阀调节NFT和垂直水培系统中水的流速，这些系统有多个灌溉区，流量各不相同，球阀可以满足各个灌溉渠水流量不同的需求。

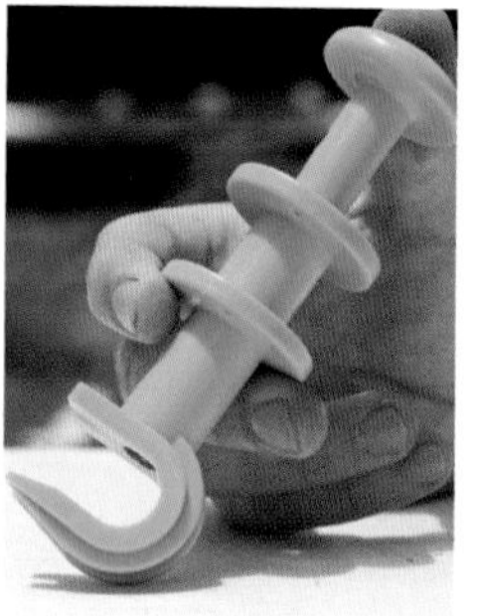

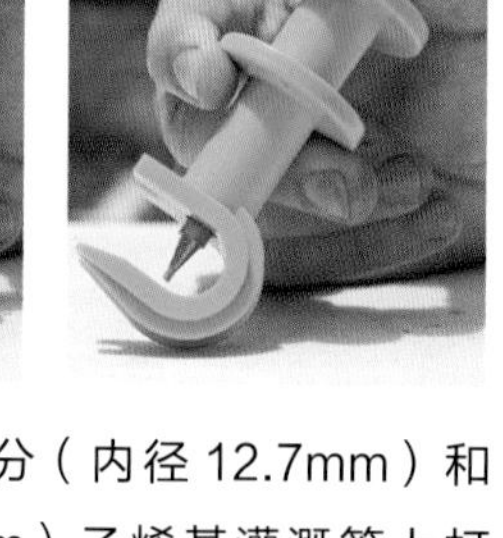

打孔器可在四分（内径12.7mm）和六分（内径19.1mm）乙烯基灌溉管上打小孔，在小孔中插入带有倒钩的二分（内径6.4mm）连接器。

2.1.5 配件

（1）灌溉和排水配件　种植者可以利用灌溉和排水配件及一些普通的家用塑料容器如塑料箱制作栽培床。我们通常所说的配件包括四分的供水配件、六分的排水配件、管道和滤网。

（2）密封圈　是DIY水培系统中最有用的灌溉配件之一。密封圈能够密封灌溉配件，防止漏水。密封圈一般用于PVC管道、塑料箱、水桶、水培种植区及贮液池。其尺寸通常为12.7mm和19.1mm，俗称四分橡胶密封圈和六分橡胶密封圈（下同）。

（3）管道连接器　与日常家庭使用的管道连接器外观和功能相似，只是尺寸较小。

2.2 盆与托盘

（1）网盆　网盆的形状有正方形，也有圆形，通常为 5 ～ 25cm 宽。DIY 无土栽培系统中最常用的网盆口径为 5cm 和 7.5cm。

（2）圆形塑料盆　最常见，很容易买到。

（3）方形塑料盆　可以减小盆之间的间距，最大化利用空间。方形塑料盆容易包装，受到人们的青睐。

（4）塑料栽培袋　早已应用于商业农场，现在也开始进入家庭菜园。塑料栽培袋很难重复利用，但是它价格低廉。可以将栽培袋的袋口向下卷起来，调节袋子的容积。未装基质时，栽培袋呈正方形；装满基质时，呈圆柱形。

（5）无纺布栽培袋　非常适合无土栽培，因为它们排水快且不会漏出基质。并且，无纺布栽培袋可以重复使用。只需清空袋子，将袋子内里翻过来，干燥后，刷去残留的杂物即可。无纺布栽培袋也可以放入洗衣机进行清洗。

（6）陶盆　在无土栽培中并不常见，但并不是说不能使用陶盆。陶盆盆壁多孔，透气性好，这一特性与无纺布栽培袋相似。与无纺布栽培袋不同的是，陶盆比较重而且容易碎。

圆形塑料盆

高空间利用率的方形塑料盆

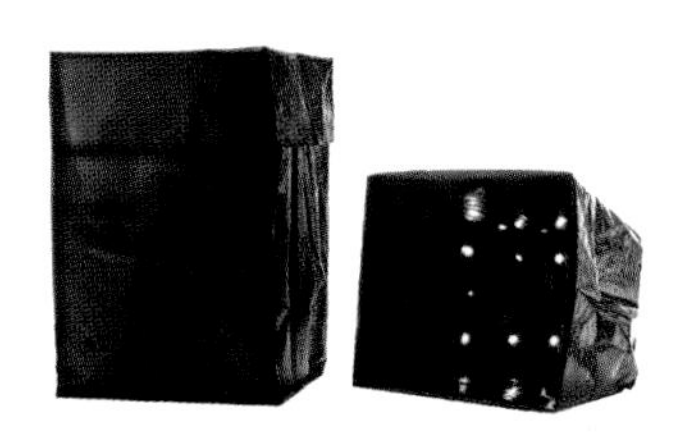

低成本的塑料栽培袋

灵活的无纺布栽培袋

古典的陶盆

盆的颜色

室内种植者青睐白色花盆，因为白色花盆表面反射性强，可以将光更多地反射到植物冠层。在温度较高的户外，白盆也很受欢迎，因为它不易吸热；但在寒冷的环境中，黑色盆更有利于提高植物根际的温度。

右图：一个带有可连接灯杆的 0.6m×1.2m 的托盘架。

托盘

托盘有多种尺寸、深度和颜色。标准尺寸有 0.3m×1.0m、0.6m×0.6m、0.6m×1.2m、0.9m×0.9m、1.2m×1.2m、0.9m×1.8m、1.2m×1.8m、0.6m×2.4m 和 1.2m×2.4m。

贮液箱

贮液箱体积通常为 70～450L。塑料贮液箱轻便、耐用、耐光照且不易老化，并且有配套的盖子，盖子上面有可以开闭的窗口。

一个容积为 75L 的贮液箱，贮液箱有配套的盖子，盖子上面带有可以开闭的窗口。

1.2m×1.2m 的浅托盘。浅托盘的深度通常为 8～11cm。该深度适用于滴灌式无土栽培菜园，但对于其他无土栽培系统，其深度可能不足。

0.6m×1.2m 的深托盘。深托盘的深度通常为 18～25cm。它们非常适合滴灌、潮汐、浮板等无土栽培系统。

2.3 栽培基质

作物生长快慢，种植成功与否，受栽培基质的孔隙度和作物根系呼吸强弱的影响，种植者可以根据自身的需求选择栽培基质。对于无土栽培的初学者来说，在种植过程中浇水不当是最常见的问题。在黏土或排水不畅的花盆中，浇水过多会淹死植物，因为根系吸收水分和养分的过程需要氧气。根际缺氧时，植物将无法吸收水分，植物的地上部会枯萎。另外，浇水过量还会增加根部发生病害的概率，因此，要尽量避免过量浇水。

种植者可以选择保水力较弱的基质来增加根系环境的含氧量，但这需要频繁或连续灌溉，保证根系的水分供应。有些种植者更喜欢使用保水力强的基质来减少灌溉次数。保水力强的基质还可以提高安全稳定性，防止因停电、水泵故障或灌溉不及时等情况发生时造成植物受到伤害。在温暖、阳光充足的环境下，仅几小时未及时灌溉，生长在多孔基质（如陶粒）中的植物就可能会受损或死亡，而种植在椰糠中的植物（椰糠吸水性较强）可在不灌溉的情况下正常生长几天。但这种安全性增加的同时，也会影响植物的生长速度，植物生长缓慢。

2.3.1 育苗基质

本书重点介绍的育苗基质，一种是草炭和椰糠组成的混合基质，另一种是岩棉。还有很多其他类型的育苗基质，但这两种基质最适合初学者，因为它们具有良好的持水能力，同时又不易造成涝害。

（1）岩棉　是通过熔化玄武岩并将“岩浆”拉丝制成的，类似于棉花糖，但味道很差（免责声明：不要吃岩棉！）。岩棉在商业或家庭无土栽培者中非常受欢迎，因为它在保水力和孔隙度之间达到了很好的平衡，非常适合初学者，可以避免因过多浇水对植物造成的伤害。有些基质对浇水量的要求很严格，但是岩棉对浇水量的要求不高。浇水过量后，生长在岩棉中的植物长势可能会变差，但绝不会死掉。岩棉有各种形状，如块状、板状和松散状。

（2）粗椰糠　由椰子外壳制成的栽培基质，广泛应用于常规和营养液栽培模式中。 如果椰糠在加工过程中没有经过适当的冲洗，椰糠的盐含量会很高，这会伤害对盐敏感的农作物。因此，正确做法是在使用之前对椰糠进行冲洗，去除残留的盐分，同时也冲洗掉那些可能污染贮液池和作物生长区的鞣酸等物质。

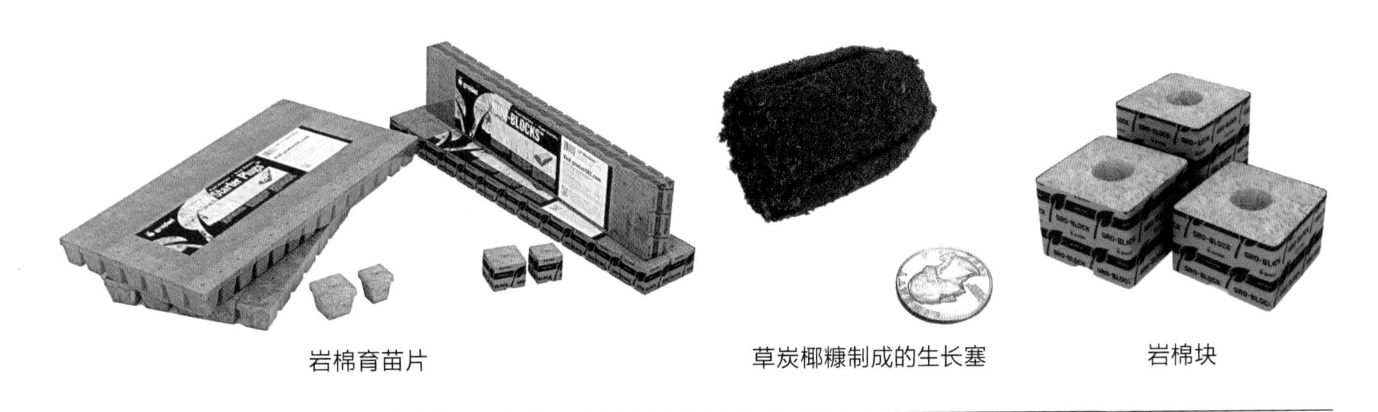

岩棉育苗片　　草炭椰糠制成的生长塞　　岩棉块

优质的细椰糠　　椰壳片

珍珠岩　　陶粒

（3）细椰糠　也叫椰壳粉，是一种很好的材料，具有很强的持水能力。它通常被用来取代草炭或与草炭混合使用。它与草炭不同之处在于，椰糠的初始 pH 适合大多数蔬菜生长的需要，因此无需添加石灰来调节 pH。与草炭一样，椰糠通常也会与珍珠岩或其他多孔基质混合，减轻混合物重量并改善基质排水性能，提高基质的保水性能。

（4）椰壳片　非常厚实，具有良好的保水和排水能力。椰壳片可以单独使用，也可以与其他基质混用。单独使用椰壳片时需要经常浇水，这与在陶粒中栽培植物的灌溉方式相似。

（5）珍珠岩　是通过加热火山岩直至火山岩如爆米花般爆裂而制成的。珍珠岩非常轻巧，在建筑业中广泛应用。珍珠岩用于园艺种植是因为它便宜、轻便，并且非常适合与草炭、椰糠等透气性差的基质混合，以增加其透气性。珍珠岩的颗粒大小有很多规格，从细小颗粒到块状珍珠岩都很常见，珍珠岩也可以单独作为无土栽培基质进行使用。

其他基质

基质厂家每年都会推出新的栽培替代基质。有些替代基质是专门制造的，有些则是其他产品的副产品。对于初学者来说，下面介绍的几种基质并没有之前提到的那些基质好用，但都不用花钱购买。每种基质都有其优缺点，下文中给出了如何合理利用其优点的方法；由于作物和种植环境存在差异，有时需要进行多次试验，才能得出每种基质的最佳使用方法。

砾石：性能类似于陶粒。

酚醛泡沫："绿洲（Oasis）"生产的酚醛泡沫是市场上最受欢迎的酚醛泡沫之一。酚醛泡沫是岩棉育苗板的绝佳替代品。

稻壳：性能类似于珍珠岩。

鹅卵石：性能类似于陶粒。

锯末：草炭和椰糠的替代品，但不易使用。

沙子：保水能力差且较重。最常用、最简易的无土栽培基质是沙子。

树皮：在生产木材的地区普遍应用，但需要考虑树皮的来源及树种。

草炭、珍珠岩混合基质

（6）草炭　来源于沼泽中腐烂的植物。它持水力强，干燥后质轻，便于运输。草炭的 pH 值通常非常低，一般在 4 左右，通常将其与石灰混合提高 pH 以适合蔬菜生长。草炭可以单独作为基质，但通常将其与珍珠岩混合使用。草炭主要在北美洲应用，因其不可再生，所以在世界上大多数地区都对草炭的开采严格管控。

（7）陶粒　陶粒为惰性基质且 pH 呈中性，这使其广泛应用于无土栽培。陶粒中的细孔能保留一些水，但是由于陶粒很快将水排出，因此不会出现浇水过量的问题。在使用陶粒之前，请务必冲洗干净。

2.3.2　基质的重复利用

鹅卵石和陶粒清洗后可重复使用，而其他基质很难重复使用。大多数种植者会把用过的椰糠、草炭和珍珠岩混入堆肥，或直接混入传统菜园的土壤中，改善土壤的保水性和排水性。 一些无土栽培种植者还把用过的岩棉块或者岩棉板切成小块，混入传统菜园的土壤中。

2.4 室内栽培设备

尽管无土栽培菜园没有明确要求必须建在室内，但大多数种植者选择在室内进行无土栽培。因为在室内种植可以降低不可控事件，诸如恶劣天气、病虫害等，但在室内种植作物也会出现一些新的问题。对于室内种植新手来说，最常见的问题是通风不畅、温度和湿度难以控制和光照不足等。因此，想要打造一个良好的室内菜园，就需要配备相应的设备。

2.4.1 植物生长室

植物生长室是集环境控制、照明和生长系统于一体的一个封闭空间。有时在室内很难创建适合植物生长的环境，且植物理想的生长环境可能与我们认为的良好居住环境不同。适宜植物生长的相对湿度为 50%～80%，但人们通常不喜欢在这种湿度的环境下生活。植物生长室可以将植物与室内其他环境隔开，保证植物拥有适宜的独立环境。此外，还可以为植物提供生长所需的强光条件而不影响居室环境，比如，每天提供 20h 或更长时间的照明有利于植物生长，但如此长的照明时间会影响人们的休息。另外，植物生长室便于种植者更好地防控害虫，在密闭的环境中可以喷药或释放有益昆虫来防治病害。植物生长室非常适合租房住的种植者，因为房屋并不为他们所有，他们无权进行改造。许多年前，笔者在没有房间改造许可的情况下，盲目地创建了一个植物生长间，最后惹恼房东并损失了一笔保证金。为避免这类情况的发生，植物生长室是临时租住房屋的园艺爱好者最好的选择。

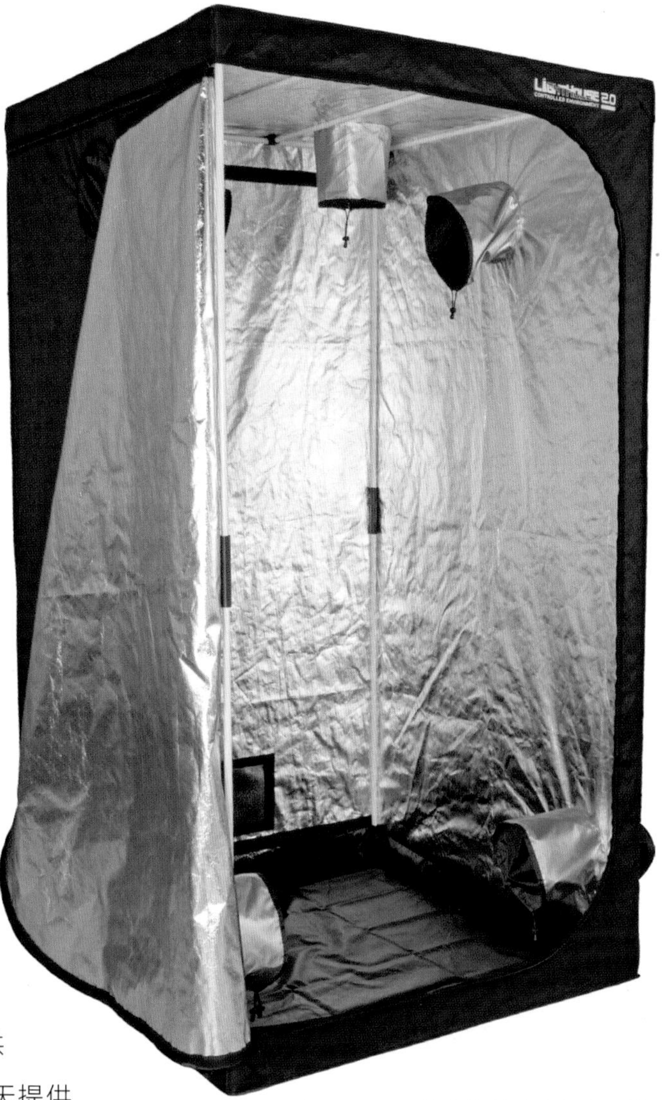

植物生长室空间范围为 0.6m×0.6m ～ 3m×6m（也可以更大！）。

植物生长室上的管道端口方便调控环境和悬挂灯具。生长室的坚固底部防止液体泄漏。

2.4.2　环境调控

风扇可以放在植物生长室内或室外。

根据植物生长室外部的环境，种植者可以利用风扇控制植物生长室内部环境，风扇可以安装在植物生长室的内部或外部。安装在植物生长室内部的排气扇可以除异味，因为植物生长室内由排气扇排出的空气均会经过活性炭过滤器，而活性炭过滤器可以吸附各种气味。这种装置有时被称为负压植物生长室。当排气扇将植物生长室内的空气排出时，新鲜空气从管道口被吸进植物生长室。

HEPA 过滤器能够防止昆虫、细菌、真菌和花粉进入植物生长室。

放在外面的进气风扇可以节省植物生长室中有限的空间。空气被推入植物生长室，废气从管道端口被压出。这种设置也称为正压植物生长室，能够有效地防控有害生物，因为向外排的空气有效地挡住了有害生物进入植物生长室。负压植物生长室比较容易吸入有害生物，但正压植物生长室会产生向外的气流，这使有害生物很难从除进气扇以外的其他地方进入植物生长室。有许多重型进气过滤器，例如左图所示的 HEPA 过滤器，可以防止昆虫、细菌、真菌和花粉进入生长室。

注意：生长灯会产生大量热量，仅靠通风很难控制温度。在使用多个大功率植物生长灯种植作物时，特别是耐热性差的作物，需要安装空调为作物降温。

2.4.3　空气流动

通风不畅是室内种植新手最易犯的错误之一。气流不畅会使植物出现刺状、茎瘦长、茎变弱、梢部灼伤等症状，也增加白粉病的发病概率，不过这个问题也不难解决。判断植物生长室是否通风的最简单的方法是仔细观察植物叶片，看它们是否存在明显的晃动。叶子明显晃动表明该位置有足够的气流，但是在植物生长室中总会出现“死角”。摆动风扇可以消除“死角”。

2.5　植物生长灯

使用人造光源种植植物的历史可以追溯到 19 世纪，在过去的几十年中，照明技术取得了进步，园艺爱好者开始广泛使用植物生长灯。植物生长灯多种多样，但并不是所有的植物生长灯都适合植物生长。为了避免损失，请种植者在购买植物生长灯之前仔细阅读下面的事项。

紧凑型荧光灯

T5 荧光灯

1000W 双端 HPS 灯非常适合温室和层数较高的植物生长室

150W HPS 灯非常适合生长室和需高光强的小面积种植区域

315W 陶瓷 MH 植物生长灯

（1）荧光灯　可能是最适合新手的植物生长灯，与其他植物生长灯相比，荧光灯更加普及且相对便宜。荧光灯耗电量小，并且具有多种光谱，种植者可以使用荧光灯种植多种农作物。不过，荧光灯可能不适用于喜强光植物，如辣椒。由于荧光灯散发热量极少，可以将其放置在离农作物很近的位置（几厘米的距离）。另外，荧光灯也适合培育幼苗和处于苗期的植物。

（2）高压钠灯（HPS）　光照强度高且价格便宜。高压钠灯会产生大量热量，可以为寒冷的环境供暖，但是如果没有适当的通风设备或空调，植物生长室环境很难调控。高压钠灯通常用于种植果菜类作物，也可用于温室补光。通常将高压钠灯置于农作物上方几米的位置。

（3）卤素灯（MH）和陶瓷卤素灯（CMH）　是植物生长常用的高光强补光灯，也可作为果菜类作物的补光灯。卤素灯发蓝光，很多种植者喜欢在蓝光下工作。蓝色调的光也有利于防止植物徒长。大多数植物生长灯制造商将生产重点放在更高效的陶瓷卤素灯上，而不是传统的卤素灯上。

（4）发光二极管（LED） LED 效率很高，耗电量小，产热少，并且有许多不同的配置可供选择，有些适合安装在农作物上方，有些适合放置在作物周围。LED 有许多不同的光质，能够显著地影响植物的生长。与 LED 红光和蓝光相比，LED 白光促进植物生长作用较低，但种植者在白光下可以舒适地工作，而红色和蓝色的 LED 混合的紫色光非常适合植物生长，但种植者在紫光下工作会很不舒服。

（5）其他生长灯　还包括感应灯、等离子灯和激光灯等，此外，还推出了许多其他类型的植物生长灯。这些比较新潮的植物生长灯价格较贵，不适合初学者。与传统的 HPS、MH 和荧光灯相比，LED 灯发展更迅速，也更受种植者青睐。

照明配件

（1）灯架　可以用绳索、电缆或链条悬挂灯架，也可以直接安装在横梁或天花板上。大多数室内种植者喜欢使用绳索棘轮，因为使用绳索棘轮可以轻松地调节生长灯的高度。

（2）护目镜　有些种植者发现在 HPS 的橙光下或 LED 灯的紫光下工作会引起眼部不适，针对这些光源设计的有色镜片能够有效避免这些生长灯损伤种植者的眼睛。

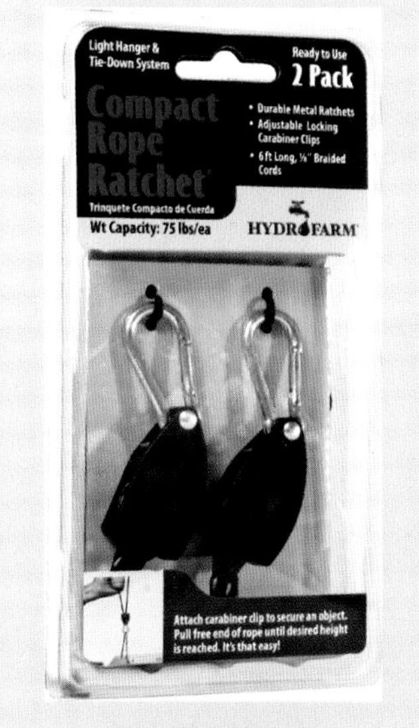

吊灯的绳索棘轮

植物生长室护目镜，专门用于减少 HPS 生长灯发出橙光对人眼的伤害

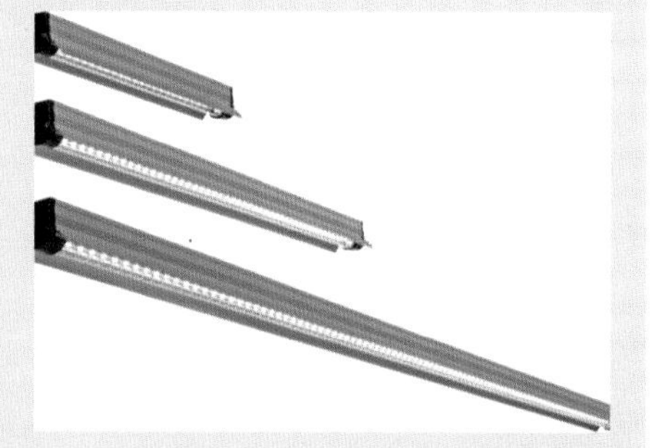

LED 灯管的长度为 0.3m、0.6m 和 1.2m

2.6 害虫管控产品和设备

无土栽培通常在温室或室内等可控环境中进行，即便如此，种植者也很难做到完全控制住作物病虫害的发生。害虫一旦进入菜园就会迅速繁殖。环境可控的菜园非常适合植物生长，也适合害虫繁殖。当虫子进入室内菜园时，其处于一个极佳的生存环境，没有任何天敌，这里几乎成了害虫的天堂。虽然有多种控制病虫害的方法，但最好的措施是预防。大多数病虫害的防治方法都可以在可控环境下或室外使用。

2.6.1 预防方法

预防方法包括除虫技术，例如正压生长室和 HEPA 进气过滤器，这些已在前面的“2.4　室内栽培设备”中进行了介绍。此外，在进入室内种植室之前应当更换干净的衣服，以避免从外部带入害虫。预防方法还包括选择具有抗病性的植物品种，进行适宜的水肥管理，培育壮苗从而提高其抵抗病虫害的能力。

（1）物理防治　如果已在菜园中发现病虫害，那么物理防治就可以派上用场。笔者最喜欢的物理除虫方法是使用吸尘器来清除病虫害。其他物理防治方法，包括拔除整株植物并使用粘虫板，粘虫板也可用于监测有害生物的数量。

（2）生物防治　生物防治是利用害虫捕食者、寄生虫和疾病来控制害虫的种群。最常规的生物防治方法是释放瓢虫。生物防治可能无法彻底根除病虫害，但通常可以有效地控制病虫害的规模。

（3）有机农药　通常，人们认为有机农药的毒性低于常规农药或化学合成农药，但仍应谨慎使用。认真阅读农药瓶上的说明，查看是否需要佩戴手套、护目镜或呼吸器防护设备。大多数农场仅使用有机农药就能完全控制住害虫。

（4）常规农药　家庭园艺种植者很少使用常规农药或合成农药（化学合成农药）。即使是未经有机认证的商业农场也大都选择使用有机农药，而很少使用常规农药，因为有机农药就已经可以完全控制病虫害。种植者需正确使用常规农药，确保食品安全。

黄板和蓝板

螳螂蛋

小型便携式吸尘器

2.6.2 害虫防治工具

下面列出一些笔者在菜园里经常用到的害虫防治工具。

（1）吸尘器　利用吸尘器清除昆虫不会造成任何药物残留。

（2）粘虫板　黄色粘虫板简称为黄板，可用于捕捉和监控蚜虫和粉虱。蓝色粘虫板简称蓝板，通常用于捕捉和监控蓟马。

（3）益虫　作为害虫天敌可有效地防治害虫。有许多益虫可供选择，以下是家庭无土栽培菜园中最常用的一些益虫。但植物生长室内环境和药物残留都会影响益虫的效果。

① 草蛉（*Chrysoperla carnea*）：主要用于控制蚜虫，对控制粉虱和蓟马也有效。

② 瓢虫（*Coccinella septempunctata*）：用于控制蚜虫。

③ 螳螂（*Tenodera sinensis*）：可控制多种昆虫，其中包括蚜虫。

④ 捕食螨（*Neoseiulus cucumeris*）：用于控制蓟马和红蜘蛛。

⑤ 瑞氏钝绥螨（*Amblyseius swirskii*）：用于控制蓟马。

（4）精油（Essential Oils）　能有效地杀死或驱除螨虫、蓟马和蚜虫等害虫。常用的精油有大蒜素、丁香油、薄荷油、百里香油、迷迭香油和肉桂油。

（5）印度苦楝树油（Neem Oil）　是天然的有机农药，可以有效地驱除昆虫并可能杀死它们。

含有大蒜素和丁香油的有机农药

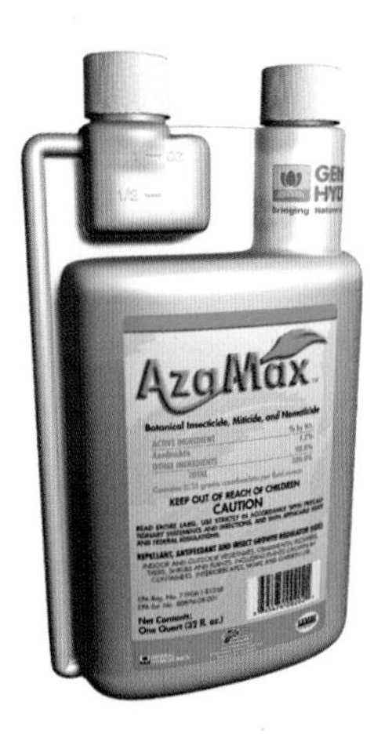

含有印度苦楝树油的有机农药

苏云金杆菌亚种可防治无土栽培系统中的真菌

杀虫肥皂

（6）印楝素　是印楝树种子的提取物，浓缩的印楝素是最有效的杀虫化合物之一。印楝素与精油的效果类似，同时它还可以阻碍许多害虫的蜕皮过程。印楝素可将害虫滞留在其幼虫期，阻碍其发育和繁殖。

（7）有机菊酯　来源于菊花。作为效果极强的有机农药之一，高浓度有机菊酯能够迅速杀死大多数昆虫，但它同时也可能杀死益虫。

（8）苏云金杆菌（Bt）　能够有效控制蝴蝶和蛾类的幼虫（俗称毛毛虫。——译者注）。

（9）苏云金芽孢杆菌亚种（Bti）　Bt 的一个亚种，可以对真菌进行生物学控制。

（10）肥皂　杀虫肥皂，甚至洗碗肥皂也能够有效地控制粉虱和蚜虫。

（11）多杀菌素　是一种有机杀虫剂，来源于棘糖多孢菌（*Saccharopolyspora spinosa*），能够有效控制蓟马和毛毛虫。

（12）链霉菌　能够有效防治根腐病和叶部真菌病的一种有益微生物。

（13）碳酸氢钾　一种非常有效的无机杀菌剂，能够迅速解决白粉病问题，也可用于提高无土栽培系统的 pH 值。

（14）碳酸氢钠（小苏打）　在防治白粉病方面与碳酸氢钾极其相似。植物可以忍受低浓度钠，但当钠浓度过高时植物遭到毒害或者出现缺素症状。许多种植者用碳酸氢钠来控制白粉病和其他叶部真菌性病害。

2.7　无土栽培环境参数测量

大多数无土栽培系统都需要各种仪器来监测和调节植物的生长环境。仪器可以测量营养元素浓度和养分平衡状况、pH、温度和光照。有些测定和监控工作是自动进行的，而有一些则需无土栽培种植者每天自行测定，并坚持日常维护。

2.7.1　电导率（EC）

EC 仪用于估算营养液中的营养元素浓度，是非常有用的工具之一。 许多公司都会出售 EC 仪，形状各异，价格不等。笔者已发现一些价格低但非常实用的 EC 仪，也很耐用。笔者一般首选短棒式 EC 仪，因为短棒式 EC 仪不需要校准，防水且应用广泛。

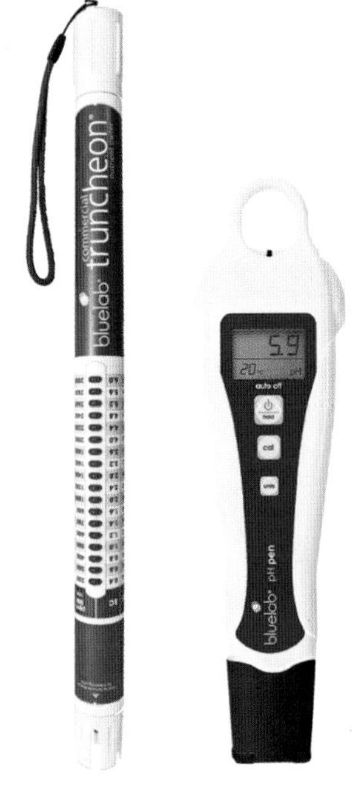

Bluelab 短棒式 EC 仪（左）
Bluelab 笔式 pH 计（右）

2.7.2　pH

pH 计可以有效地帮助无土栽培种植者了解营养液的状态。判断是否发生养分亏缺时，pH 值是一个十分重要的参考指标。但是 pH 计比 EC 仪更容易受损，应谨慎操作并做好维护工作，否则 pH 计可能很快就不准确或出现损坏。请务必仔细阅读 pH 探针的说明，以确保正确校准 pH 计并定期进行必要的维护以保持探针的精度。市场上不同的 pH 计之间存在很大差异。笔者测试过多家品牌的 pH 计，目前笔者推荐使用的是“Bluelab”牌的 pH 计。

pH 指示剂溶液也可以测试 pH 值。这些指示剂溶液通常是与 pH 计配套使用，包括提高 pH 和降低 pH 的 pH 仪调整液。pH 指示剂溶液可以测出 pH 的大致范围，但并不精确。刚开始进行无土栽培的种植新手可以使用 pH 指示剂溶液，因为它很经济实惠，也很好用。

pH 指示剂溶液，升高 pH 和降低 pH 的 pH 仪调整液

2.7.3　光照强度

光环境测定相对困难，但也可以通过仪器测定大致光强，以推测光照是否充足。

（1）照度计　是测量光强最实用的仪器，但这种仪器也有缺陷。照度计通过模拟人眼感知光的过程来测量光照强度。但是人眼对绿光和黄光最为敏感，而植物对蓝光和红光最为敏感。照度计测量出的光照强度以“勒克斯（lux）”为单位，但勒克斯并不适用于植物，于是人们改用光合作用光量子通量密度（PPFD）来描述光照强度，光合有效辐射（PAR）仪可以测量 PPFD。

Lux 转换 PPFD

将勒克斯读数乘以以下转换因子，得出近似的 PPFD [μmol/（m^2 • s）]：

光源	SE 高压钠灯	DE 高压钠灯	荧光灯	卤素灯	陶瓷卤素灯（4200K）	陶瓷卤素灯（3100K）	日光灯
转换因子	0.012	0.013	0.014	0.014	0.015	0.017	0.019

示例：在金属卤化物（MH）灯下测得的 10000lux 读数通过将 10000lux 乘以转换系数 0.014 转换为 PPFD，得到的 PPFD 约为 140μmol/（m^2 • s）。

（2）PAR 仪　PAR 是光合有效辐射“photosynthetically active radiation”的首字母缩写。PAR 是在可见光波长范围内，植物可以用来光合作用的光合有效辐射。PPFD 是光合作用光量子通量密度“photosynthetic photon flux density”的首字母缩写。PPFD 是每秒以 μmol 为单位的光量子在每平方米（m^2）中的量，使用的单位为 μmol/（m^2 • s）。PAR 仪是在园艺环境中测量光照强度的首选仪器，但它通常比照度计贵。

（3）日光积分（DLI）计　DLI 测量显示每天每平方米传递的光照强度，是一天中所有 PPFD 的总量。使用的单位是 mol/（m^2 • d）。DLI 不使用 μmol，因为数值会很大（1mol 是 1000000μmol）。DLI 可以测量植物全天（不仅是在一个瞬间）能够吸收的光，因此 DLI 实用性很强。由于室内光照强度不会像户外一样全天波动，所以，在室内，通过一次 PPFD 测量就可以很容易地计算 DLI。PPFD 测量显示每秒每平方米的光照强度。通过以下步骤将室内的 100μmol/（m^2 • s）的 PPFD 读数转换为 DLI。

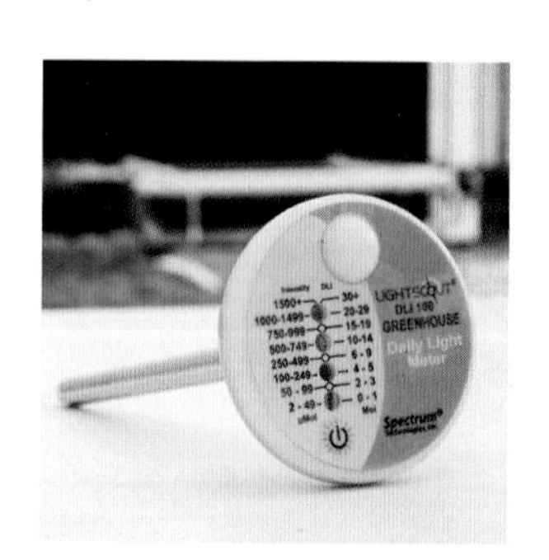

DLI 计测量 24h 内传递的总光量 [mol/（m^2 • d）]

① 将 PPFD 乘以 60s 即可获得每平方米每分钟总的光照强度。

示例：100μmol/（m^2 • s）× 60s= 6000μmol/（m^2 • min）

② 将上一步算出的数字乘以 60min 即可得到每平方米每小时的光照强度。例如：6000μmol/（m^2 • min）× 60min=360000μmol/（m^2 • h）

③ 将第二步得出的数字乘以光照的小时数；在此示例中，灯每天亮 20h。

示例：360000μmol/（m^2 • h）× 20h= 7200000μmol/（m^2 • d）

④ 最后，除以 1000000，将 μmol 转换为 mol。

例如：7200000/1000000 = 7.2mol/（m^2 • d）

在户外，可以使用 DLI 计测量 DLI 数。 DLI 计用于测定全天总计 PPFD 量，以 mol/（m^2·d）为单位。

下面的表格是基于笔者个人观察，仅供参考。

作物	适合的 DLI 范围
小叶菜	6～12mol/（m^2·d）
绿叶菜	12～30mol/（m^2·d），通常为 17～25mol/（m^2·d）
果菜	17～45mol/（m^2·d），通常为 25～35mol/（m^2·d）

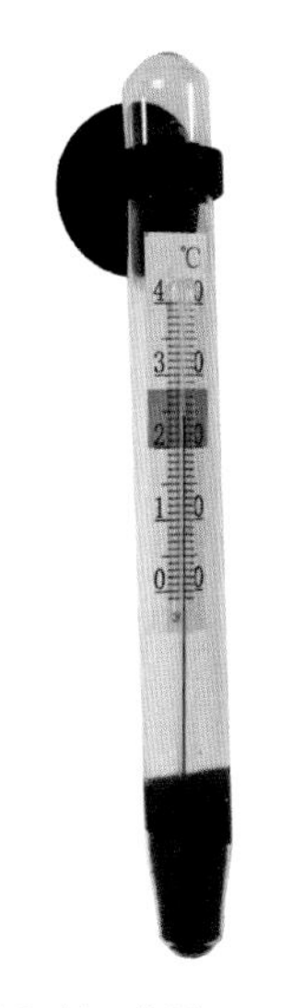

浮动温度计可用于监测水温

2.7.4 温湿度

一个简易的温度计就可以监测营养液池中的温度。大多数水培作物的适宜水温为 16～21℃。大多数 pH 和 EC 仪也可以测量水温。水温会影响 EC 和 pH 读数，因此这些仪器需先排除水温的影响，然后才能提供准确的 EC 和 pH 读数。

温湿度计可以记录每天的温度和湿度，非常适合监测温室或生长室中的温湿度变化。种植者们可能会花很多时间在他们的植物上，但是他们无法一直待在温室。种植者不在温室或生长室的时候，可以根据温湿计的记录适时调整温湿度。

3

无土栽培系统

DIY 无土栽培系统深受种植者喜爱，因为可以根据个人喜好在不同场所种植特定作物，定制私人“菜园”。由于无土栽培系统的零售价格较高，越来越多的种植者决定自己动手制作无土栽培系统。但从笔者多年的种植经验来看，很多种植者在建立无土栽培系统的过程中并不顺利，特别是在设计的时候就存在诸多问题。笔者喜欢在指定场所设计建造适合该场所的无土栽培系统，但在建造过程中经常会犯一些错误，不得不为这些错误付出高昂的代价。比如，笔者曾买过一些不实用或根本用不到的东西，曾将栽培系统组装好后，因没有固定牢而失败，还曾建好栽培系统后，发现植物无法接受充足的光照、排水性能差等。

虽然在制作这些栽培系统的过程中犯了不少错误，也浪费了不少钱，但笔者同时也从中学到了很多受益匪浅的知识。下面介绍的无土栽培系统都借鉴了笔者的一些经验和教训，希望能对读者有所帮助，并为读者节省宝贵的时间和金钱。

3.1 如何选择合适的无土栽培系统

家庭中选择安装哪种无土栽培系统，种植者需要考虑诸多因素，包括作物的选择、放置无土栽培菜园的场所、日常管理能力等。当然，建造成本也很重要，能源消耗、投入品及其他日常维护费用均需要考虑。

选择无土栽培系统时，首先要考虑系统操作管理的难易程度。图中所示的这种槽式循环系统制作相对简单，但需要定期对其进行维护。

3.1.1　根据作物选择系统

在选择无土栽培系统时，首先要考虑种什么作物。有些系统可以种植多种作物（如潮汐式栽培系统），而有些系统只适合种植特定生长特点的作物。本章介绍的第一个系统是瓶式栽培系统。

该系统适合种植生菜和罗勒等叶菜，但不适合种植番茄等大株型蔬菜。种植者还应考虑栽培作物的生长特性，比如，考虑种植一些对营养需求及营养液 pH 值要求没那么严格的作物。该栽培系统最大的优点是植物可替换性强，种植者可以尝试种植新作物并从中积累经验。笔者在这一章中提供了很多种植指南，推荐了一些适宜栽培的作物，但不局限于推荐的这些作物。许多作物生长的环境并不一定是其最佳生长环境，植物对环境的适应性远远超出我们的想象，种植新手可以多准备些种子，不要害怕失败。

3.1.2　根据摆放场所选择系统

在众多无土栽培系统中，还有可以在太空环境下栽培生菜的水培系统！不论在什么地方，都可以利用水培系统种植物，在笔者的房车里就有一个水培菜园。笔者将对本章中介绍的每种栽培系统给出适宜摆放场所的建议。其中一些系统可以根据室内、室外、空间大小情况进行适当改进。

3.1.3 根据栽培系统的维护成本选择系统

估算维护成本时，植株数量与贮液池体积大小通常是需要考虑的主要因素。一般来说，在体积小的贮液池中密植作物时，需要经常维护，这是因为植物根系不断吸收水分，贮液池水位会逐渐下降，需要种植者及时向贮液池中补充营养液。

这种系统会出现营养液养分失衡的情况，所以要经常进行营养液更换。另一个影响维护需求的因素是作物类型。番茄、辣椒和黄瓜等结果蔬菜作物需要搭架或整枝，而有些作物如芽苗菜，生长周期短，工作量大，需每周播种和收获。

3.1.4 根据难易程度选择系统

对于种植新手来说，从一开始就选择建立高级的栽培系统并不是不可以，但需要提醒的是，想一次成功还是有难度的。万事开头难，成功建起相对复杂的栽培系统还是需要有个过程的，刚开始时会感到比较难，但经过一段时间的学习后，就会感觉容易了。虽然种植者们的学习热情丨分高涨，但在学习初期还是应选择简单易操作的，低成本且成功率高的栽培系统。

瓶式栽培系统、浮板式栽培系统、浮板毛管式栽培系统都非常适合初学者，且不需要通电。床式栽培系统和潮汐式栽培系统也适合初学者，但这些系统需要安装通电组件。营养液膜栽培系统、雾培系统、桶式栽培系统以及垂直菜园等其实也不难，但对初学者来说可能有些复杂，不是最佳选择。当然，栽培系统操作的难易程度因人而异，即便是复杂的系统，对于有些种植者也不算什么难事，那么，选择这些系统就完全没有问题！

特色 DIY 水培系统

在下面的章节中，笔者将展示一些比较热门的 DIY 无土栽培系统，附上了详细建造方案，并告诉读者为何选择这一栽培系统而非其他栽培系统。在决定建造哪种（或多种）栽培系统之前，笔者建议种植者通读所有系统，并充分了解每个系统的优缺点和操作难易程度。

- 瓶式栽培系统
- 浮板式栽培系统
- 浮板毛管式栽培系统
- 营养液膜栽培系统
- 桶式栽培系统
- 床式栽培系统
- 潮汐式栽培系统
- 气雾栽培系统
- 垂直菜园

3.2 瓶式栽培系统

瓶式栽培系统是最简单的无土栽培系统。

用谷歌 / 百度搜索“瓶式栽培系统”可以快速搜到瓶子在该系统中的多种使用方法。但其中大部分方法要么过于复杂，要么不够美观，或者两种情况均存在。其实这些简易的栽培瓶制作简单、成本低，也不太需要维护，并且不需要通电，是不错的选择。

- **适合场所：**室内、室外或温室
- **尺寸：**小
- **栽培基质：**岩棉
- **是否需要供电：**不需要
- **适用作物：**叶菜和香草（香料植物的统称，包括薰衣草、迷迭香、百里香、薄荷等。——译者注）

3.2.1 Kratky 水培方法配备通气系统

Kratky 法是最简单的水培方法。没有水泵，没有复杂的灌溉系统……只有置于水中的植物。早期的水培研究多集中于类似 Kratky 方法的静态水培系统。有研究发现，向这种系统中的营养液通气时，植株生长速度加快。这一发现极大促进了通气循环栽培系统（如营养液膜栽培系统和桶式栽培系统）的发展。

目前大多数水培研究都集中在这些循环系统上，但仍有人在从事静态非循环水培试验。夏威夷大学的 Bernard Kratky 博士便是非循环水培法最坚定的支持者之一。他对进一步发展非循环水培系统做了大量研究工作，因此，他的名字也已成为该项技术的代名词，即 Kratky 方法。

3.2.2 作物选择

Kratky 法已成功用于多种作物种植，从生菜等叶菜到番茄和土豆等开花作物都可以应用。大多数水培种植者更喜欢采用 Kratky 法种植叶菜和香草，因为大株型作物可能会由于根部缺氧而导致生长受阻。

图中所示从左到右分别为在瓶式栽培菜园中种植的红球生菜、意大利罗勒和泰国罗勒。

可以将作物栽培在一个干净、透明的瓶子中，但需要经常清除瓶内的藻类以保持瓶体洁净。

生菜等作物的根区需氧量要远低于番茄等作物。

进行瓶式水培时，首选短簇或始终直立生长的作物，从而避免系统因顶部过重而倾倒。罗勒、羽衣甘蓝、瑞士甜菜和生菜等作物都是笔者最喜欢的瓶栽植物，不过，笔者也曾在瓶式栽培系统中成功地种植了香芹、茴香及其他香草。

3.2.3 摆放场所

Kratky 法适用于室内、室外或温室中，但不适合在降水量较大地区的户外使用，因为营养液很容易被雨水稀释或冲走。Kratky 菜园非常适合在无法供电的菜园中使用。

瓶式水培系统的摆放场所受限较多。例如，瓶身如果用黑色涂层，植物根区容易积聚过多的热量，因此，在室外环境使用，建议使用浅色系水培瓶并置于温暖环境下。笔者在室外使用瓶式水培系统时，喜欢在门廊上安装壁挂式瓶托，以便将水培瓶保持在半阴凉区域，这样看起来也漂亮。在室内的话，瓶式水培几乎可以放置在任何地方，例如厨房柜台、桌子、窗台甚至是安装在走廊上的壁挂式灯……而室内瓶式水培唯一限制性因素是光照不足。

3.2.4 如何制作瓶式水培菜园

瓶式水培菜园是本书中最简易、最基础的水培菜园。笔者在外访学时常与一群 8 ～ 18 岁的孩子们一起建立这种水培系统。可以用很多方法来制作不同颜色和装饰的水培瓶，创造极具个人风格的水培菜园。为了简化该系统，种植者可以用不透明的瓶子从而跳过喷漆这一步。

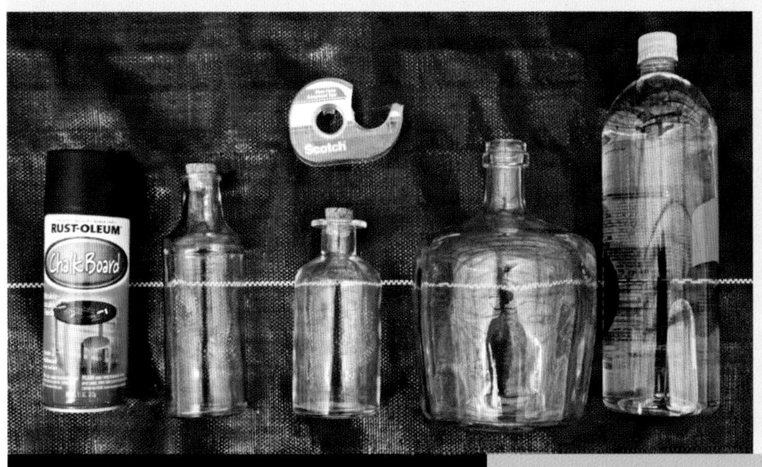

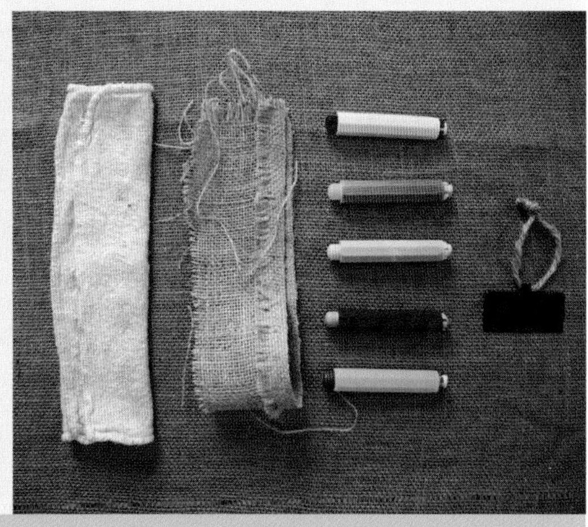

材料和工具

必备材料

玻璃瓶或塑料瓶
岩棉塞（适合不同瓶口大小）
肥料

可选材料

透明胶带
支撑竹竿
喷漆的黑板
粉笔
粗麻布或布
瓶签
生长灯

可选工具

剪子
漏斗
热熔胶枪

3.2.4.1 瓶子准备

瓶子选择最关键。理想的瓶子要求瓶颈短，这样塞子较容易接触到瓶身主体。最好选瓶身较粗的瓶子。因为瓶身粗的瓶子中水面相对较宽阔，这样有助于作物根系充分浸泡在营养液中吸收养分。以下步骤针对的是透明瓶子，若使用的是非透明瓶子，请跳过以下步骤。

① 撕去瓶身上的标签。

② 从瓶口到瓶底粘一条胶带。稍后可以撕掉从而制作一个可以观察根的窗口。将胶带末端折叠在瓶底，以便喷漆后撕掉。

③

④

⑥

③ 将瓶子倒置在木桩上喷漆，也可以将瓶子浸在油漆中。要确保油漆涂层足够厚，从而确保瓶内不透光。

④ 待油漆干后，撕掉胶带。

⑤ 灌水前最好在瓶上做好刻度或标记。

3.2.4.2 瓶塞的选择

选择一个贴合瓶口的塞子或选择一款适合塞子的开口瓶，也可以剪一个岩棉塞装到瓶口处，但这样可能会对幼苗根部造成一定损伤。

⑥ 瓶塞应该足够大，以便能牢牢固定在瓶口上。

⑦ 育苗时适当多育点苗，挑选长势好的幼苗用来做水培菜园。

3.2.4.3 营养液和移栽

水培菜园的肥料选择很重要。笔者使用的是 FloraNova 营养液，也可以选择其他营养液。请查阅“5.2 肥料”相关内容，了解更多关于水培肥料的选择。

⑧ 参照肥料包装上的推荐用量将肥料与水混合。水和肥料要混溶在一个单独容器中，方便检查肥料是否完全溶解。多余的营养液储存在密闭的容器中并置于黑暗、阴凉的环境中，可以保存数周。

⑨ 将营养液注入水培瓶。然后将幼苗移栽到水培瓶中，此时可能会有营养液溢出，这没关系，总比营养液不足要好。

⑩ 如果不用吸水条（见下一页），现在就可以将幼苗移植到瓶中。瓶塞底部应浸泡在营养液中，向瓶中灌满营养液，以确保瓶塞吸收营养液充足。塞子浸在营养液中几天后，作物根部才能在营养液中扎根。瓶塞不宜进入瓶口太深，要高出瓶口一部分，以便后期要拔出瓶塞补充营养液。

⑪ 第一周要经常检查瓶塞是否干燥。根据选择的作物和环境不同，可能要在头几天多加营养液，确保移栽的植物长根，并能从瓶中吸取水分。吸水条并不是必需的，但它将有助于预防移栽苗第一周就发生脱水干枯的现象。

在瓶口上方预留一块岩棉，方便向瓶中注入营养液时拔出塞子。

3.2.4.4 可选择吸水条

选择高且细的瓶子作为栽培容器或者种植生长缓慢的作物时，可以适当配备一些吸水条。以下步骤使用透明瓶进行示范，但不建议用透明瓶种植作物，因为透明瓶往往容易滋生藻类，影响作物正常生长。

⑫ 吸水条：将麻布裁成长条状，长度为能够触及瓶底即可，宽度与塞子宽度一样（通常 2.5 ～ 5cm）。

⑬ 把吸水条铺平并沿瓶口置于瓶中。

⑭ 把瓶塞插到瓶口并将吸水条固定好。

⑮ 瓶塞上预留的岩棉要在瓶口上方突出来，以便补充营养液时容易拔出。

⑯ 漏斗可以在不完全取出岩棉塞的情况下向瓶中补充营养液。这样能避免因取下或重新塞上瓶塞时对作物根系造成伤害。

⑰ 如果不使用漏斗，一定要非常小心地将塞子从瓶中拔出。

⑱ 将瓶子装满营养液。对于根系生长慢的幼苗，将营养液灌至接近瓶口位置。对于根系生长较快的植物，营养液加满瓶子的四分之三容积即可，保持根系对空气和营养液吸收平衡。

将塞子插回瓶子时要非常小心，务必保证作物根部浸在营养液中。

3.2.4.5 系统维护

大多数适合瓶式水培的作物生长迅速，生长周期中不需要太多维护。而对于生长期较长、可以采收多次的作物（如罗勒），水培瓶中至少要保持有半瓶营养液。为了避免营养液中养分失衡，每个月都要将瓶子洗净并重新注满新鲜的营养液。

有些作物，如右图左边的罗勒，其根系生长速度比营养液液面下降速度快，不需要吸水条。但也有些作物，如右图右边的莴苣，根系生长缓慢，需要使用吸水条，以辅助其根系吸水。

3.2.4.6　其他选项

（1）装饰　除了粉笔画，笔者还喜欢用吊牌和粗麻布围巾装饰水培瓶。用麻布围住瓶口可以有效防止苗塞表面的藻类滋生。然后用热熔胶枪将粗麻布固定在瓶口上。

（2）光照　瓶式水培菜园最适合在室内种植。这些水培瓶可以放置在窗台上，这样既可以接受自然光照又可以接受生长灯照射。在办公桌上放置这样一个水培瓶，并用小型生长灯进行补光照射就显得创意十足。

3.2.4.7　故障排除

（1）植株枯萎

- 检查水位，若水位低，补充营养液。
- 水温或气温过高。
- 若根未接触营养液，尝试使用吸水条。

（2）塞子掉到瓶中

- 尝试用粗麻布包裹瓶塞，使其紧贴瓶口。
- 塞瓶塞的时候瓶口上方多露出一些岩棉。

（3）植物生长慢或长势不好

- 选择的作物可能不适合瓶式水培菜园。
- 作物受光不足。
- 应该使用专门的水培肥。

3.3 浮板式栽培系统

浮板式栽培系统是深液流栽培（DWC）的一种类型。大多数传统的 DWC 系统需将植株保持在一个固定高度，定期补充营养液以保证根系可以一直接触营养液。浮板式栽培系统需要的人工和维护很少。比如，种叶菜时，从移栽到最后采收，基本上不需要对系统进行维护，甚至不需要补充水。

3.3.1 作物选择

浮板式栽培系统在一些大株型开花作物如番茄上已成功应用，但该系统更适合栽培一些根区需氧量低的小株型植物。而传统 DWC 系统非常适合种植大株型开花作物，因为该系统为根系提供了较大空间，有助于空气流通，种植者还经常使用气泵对营养液进行通气。

笔者已在浮板上试验了数百种农作物，发现该栽培系统的实用性非常强。下一页侧边栏列举了一些可以在浮板上种植的作物。

种植在浮板上的作物实际上是漂浮在营养液液面上。

- **适合场所**
  室内、室外或者温室
- **尺寸**
  大小均可
- **栽培基质**
  岩棉块
- **是否需要供电**
  可选
- **适栽作物**
  叶菜和香草

多彩的瑞士甜菜根使浮板显得生机盎然。

最佳作物选择

- 罗勒
- 芹菜
- 韭菜
- 莳萝（土茴香）
- 茴香
- 羽衣甘蓝
- 生菜
- 芥菜
- 牛蒡（东洋牛鞭菜）
- 酸叶草
- 瑞士甜菜
- 豆瓣菜

其他可选作物

- 芝麻菜
- 甜菜
- 胡萝卜
- 香芹
- 矮辣椒
- 矮番茄
- 万寿菊
- 薄荷
- 西芹
- 水萝卜
- 菠菜
- 草莓

3.3.2 摆放场所

浮板式菜园可以放置在室内、室外或温室中。在室外如果没有相应防雨措施的话，雨天会造成系统出现一些问题。比如雨水将营养液稀释并冲走。浮板式菜园系统通常需要大量的水，而在室内使用的话效果可能不理想。比如，系统在室内摆放位置不当或系统结构有问题时，很可能发生漏水现象。另外，考虑到水的重量这个要素，所以安置浮板式水培系统时不能将其放置在有重量限制的地板上。

浮板式栽培系统的优点是可以给营养液通气，但是对大部分农作物来说则没有必要。笔者曾在 30℃且没有通气条件下，利用该系统种植出漂亮的莴苣和罗勒。如果通气，这些作物可以生长更快，并且可以有效减少作物根系病害发生及营养液污染。此外，该系统也可以在没有电力系统的情况下运行。如果既不想给浮板式菜园供电，又想给系统通气，那完全可以安装一个太阳能空气泵。

3.3.3 浮板尺寸

浮板式栽培系统还可以在工作台或大型场地上应用。小型浮板在栽培大株型或较重的作物时稳定性较差，但栽培叶菜时就没有这个问题。大型浮板可以承受较大的重量，但在种植重量较大的作物时应当小心处理，因为在打开浮板时很可能因其重量过大导致浮板断裂。大多数浮板是由 60cm 宽 ×120cm 长或 120cm 宽 ×240cm 长的泡沫板切成两半制成的。浮板通常是长方形的，宽度以 60cm 为增量单位，长度以 120cm 为增量单位。但是也不要仅局限于长方形，因为这些泡沫板是可以切割成任何形状的。笔者就曾见过种植者将圆形儿童泳池改装成浮板式菜园，而漂浮在水面上的浮板则形状各异。

3.3.4 如何制作浮板式栽培菜园

本设计可作为小型或大型浮板式栽培菜园的制作范本。无论种植者要建造多大规模的菜园，有几个制作步骤始终是不变的，比如增加内衬防漏层和浮板。如果种植者希望充分利用现有容器（如儿童泳池）作为浮板菜园的贮液池而不是新建一个，可以直接跳到制作浮板的步骤。笔者非常喜欢这种设计，当然种植者也可以根据自己的风格增加个人想法。考虑到温室内温度较高，所以笔者倾向于将该菜园涂成白色，避免系统中的营养液温度过高（超过 35℃）。如果种植者计划将菜园置于室内或一个凉爽的环境中，那最好将该系统涂成深色。

材料和工具

贮液池

5cm 厚 ×30cm 宽 ×240cm 长的木板 4 块

2.5cm 厚 ×5cm 宽 ×240cm 长的垫条 2 块

乳胶漆　4.5L

底漆、密封剂、防污剂

直径 5mm、长度 6cm 的自攻螺钉 450g

直径 4mm、长度 3cm 的自攻螺钉 450g

1.8m×30m×0.2mm 黑色塑料薄膜　1 片

安全装置

工作手套

护目镜

浮板

2.5cm 厚 ×120cm 宽 ×240cm 长的保温泡沫板 1 块

直径 5cm 的定植杯 18 个

其他选项

直径 5cm 的定植杯 18 ～ 72 个（方便增加种植密度）

带砂头的气泵 1 个

带流量仪的水泵 1 个

工具

圆锯

油漆辊 / 油漆刷

三角板

水平仪

钻头

钻头配套螺钉

钉枪和钉

重型剪

剃须刀

带夹子的锯

卷尺

记号笔

直径 5cm 的打孔器（若使用定植杯则需要此工具）

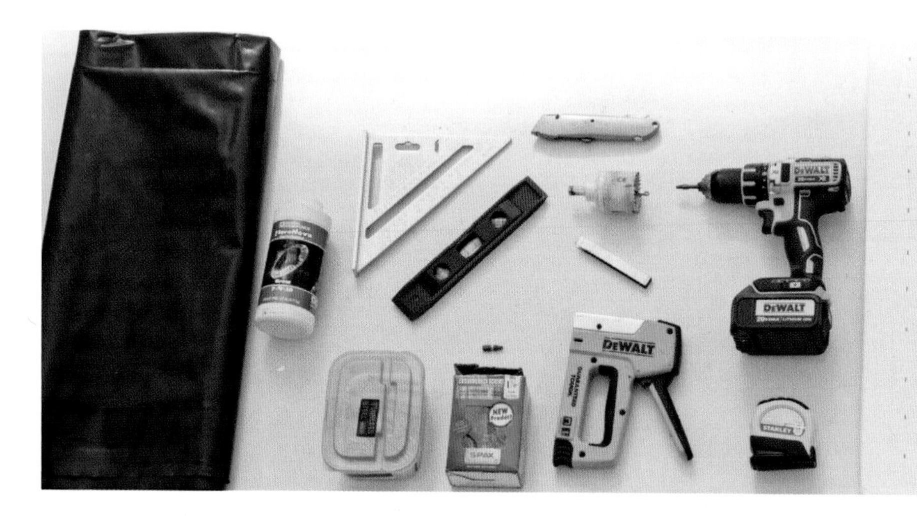

3.3.4.1 贮液池组装

有很多办法可以让贮液池的组装更简单。大部分木材零售店都会根据顾客需求将木材切割成特定尺寸。读者可以参考下面所列的一些尺寸让商家帮你切割木材，从而减少工具的购买数量，并且可以跳过自己切割木材这一过程。读者也可以直接定制贮液池。

① 请戴上工作手套和护目镜，将 4 块 5cm 厚 ×30cm 宽 ×240cm 长的木板切割成如下长度：

第一块板切割成 5cm 厚 ×30cm 宽 ×130cm 长和 5cm 厚 ×30cm 宽 ×70cm 长的木板各一块；

第二块板也切割成 5cm 厚 ×30cm 宽 ×130cm 长和 5cm 厚 ×30cm 宽 ×70cm 长的木板各一块；

第三块板切割成 5cm 厚 ×30cm 宽 ×65cm 长、5cm 厚 ×30cm 宽 ×70cm 长和 5cm 厚 ×30cm 宽 ×70cm 长的木板各一块；

第四块板切割成 5cm 厚 ×30cm 宽 ×65cm 长和 5cm 厚 ×30cm 宽 ×70cm 长的木板各一块；

从 2 块 2.5cm 厚 ×5cm 宽 ×240cm 长的垫条上各切一段 2.5cm 厚 ×5cm 宽 ×125cm 长和 2.5cm 厚 ×5cm 宽 ×70cm 长的木条。

切割的木材最终长度和数量如下：

5cm 厚 ×30cm 宽 ×130cm 长的木板 2 块；

5cm 厚 ×30cm 宽 ×70cm 长的木板 5 块；

5cm 厚 ×30cm 宽 ×65cm 长的木板 2 块；

2.5cm 厚 ×5cm 宽 ×125cm 长垫条 2 块；

2.5cm 厚 ×5cm 宽 ×70cm 长垫条 2 块。

这些木材在组装前或组装后均可涂漆。

② 将 5 块 5cm 厚 ×30cm 宽 ×70cm 长的木板平放在平坦的地面上。这几块木板就是该栽培系统的底座。当然，不专门为贮液池建造这样一个底座也可以，但是该实木底座可以起到很好的固定作用，能增加结构强度。而且该底座可有效避免贮液泄漏。泡沫板也常被用作底座，有效地保护内衬不受地面磨损。

③ 沿底座长边一侧固定一块 5cm 厚 ×30cm 宽 ×130cm 长的板，短边一侧则固定一块 5cm 厚 ×30cm 宽 ×65cm 长的板，130cm 长的板的一端与 65cm 长的板的一端垂直对齐。

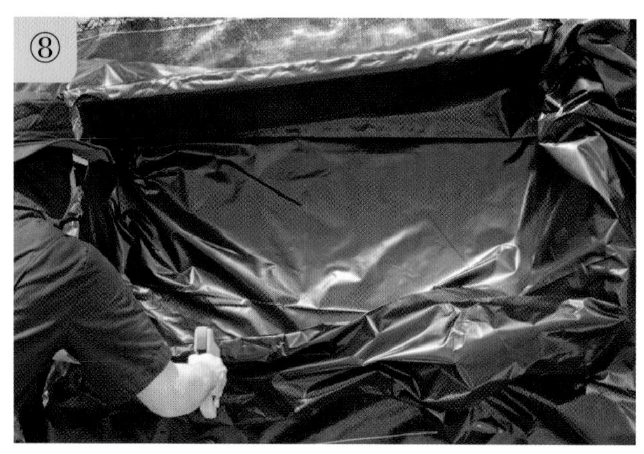

参照图 ③ 和图 ⑤ 将木板置于正确位置，并确保底座为长方形且平稳。

用两个长 6cm 的自攻螺丝将木板固定好。

④ 将另一块 5cm 厚 ×30cm 宽 ×130cm 长的板贴着底座长边一侧放好，用自攻螺丝将 ③ 中的 5cm 厚 ×30cm 宽 ×65cm 长的板的另一端垂直固定。

⑤ 将剩余一块 5cm 厚 ×30cm 宽 ×65cm 长的板沿底座另一宽边放好，置于两块 5cm 厚 ×30cm 宽 ×130cm 长的板之间，并用自攻螺钉固定好。

⑥ 倒置上述组装好的底座框架，将 5 块 5cm 厚 ×30cm 宽 ×70cm 长的板依次摆好放置于底座框架上，用长 6cm 的自攻螺钉将它们固定在架子上，形成完整的底座。

⑦ 将整个底座翻转过来。

⑧ 安装防漏内衬是贮液池组装中最难的步骤之一。最好让放置在贮液池内部的内衬面积有富余，这样才能确保内衬不会过于紧绷。若防漏内衬装得太紧，可能会在加水后因为压力过大，发生破裂而漏水。制作这个贮液池时，笔者用了两层 0.2mm 厚的塑料薄膜以确保万无一失。在贮液池拐角处将内衬防漏层折叠起来，保持其与框架平齐，然后将其固定到贮液池框架的边缘上。

⑨ 用剪刀将内衬防渗层的多余部分裁掉。

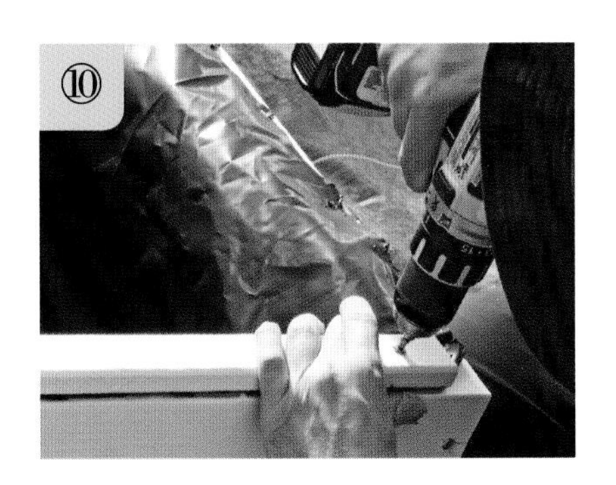

⑩ 将垫条沿贮液池边缘固定时，将塑料薄膜内衬压在垫条底下。垫条对于贮液池来说，功能性不强，主要是起到美观的作用。用自攻螺钉将垫条固定到位。

3.3.4.2 浮板组装

种植者可以自制浮板，这项工作不算难。当然，也可以定制浮板，但价格通常比较贵。定制的浮板上都有专门按照育苗塞尺寸而设计的孔，不需要再用定植杯。种植者也可以根据个人喜好或者苗塞大小在浮板上自行打孔，也不用再购买定植杯。对于该浮板系统，笔者更倾向于使用定植杯，因为使用定植杯更方便。定制的浮板还有其他一些特色设计，比如带有插座就非常实用。许多功能设计种植者都可以通过 DIY 实现。

⑪ 用刀片从 2.5cm 厚 ×120cm 宽 ×240cm 长的泡沫板上切下一块 2.5cm 厚 ×60cm 宽 ×120cm 长的泡沫板，并沿切割边缘将所有松散的泡沫块去掉。

⑫ 将这块 2.5cm 厚 ×60cm 宽 ×120cm 长的泡沫板放在锯木架上，用夹子固定住。

⑬ 在水培系统中，大多数叶菜生长间距为 15cm。如下图所示，植株间隔为 15cm 时，在 2.5cm 厚 ×60cm 宽 ×120cm 长的浮板上可种植 18 株植物（3 列 6 行）。一些叶菜，如长叶莴苣和罗勒，可直立生长，每块 2.5cm 厚 ×60cm 宽 ×120cm 长的浮板上可种 36 株。有些种植者在种植羽衣甘蓝、莴苣等及其他一些香草植物时，甚至会种更高的密度（每块 2.5cm 厚 ×60cm 宽 ×120cm

右图所示左侧为自制浮板，右侧为定制浮板。

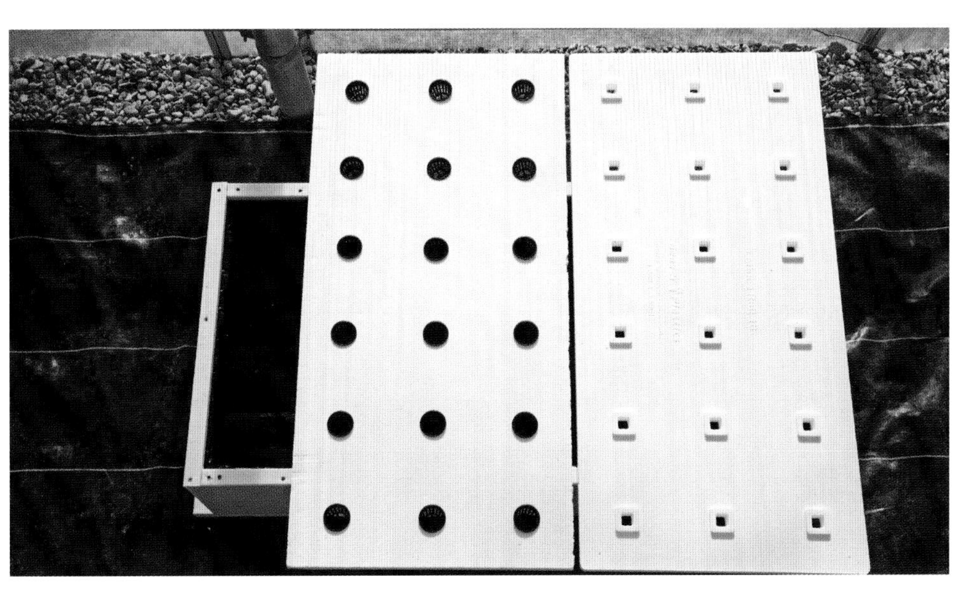

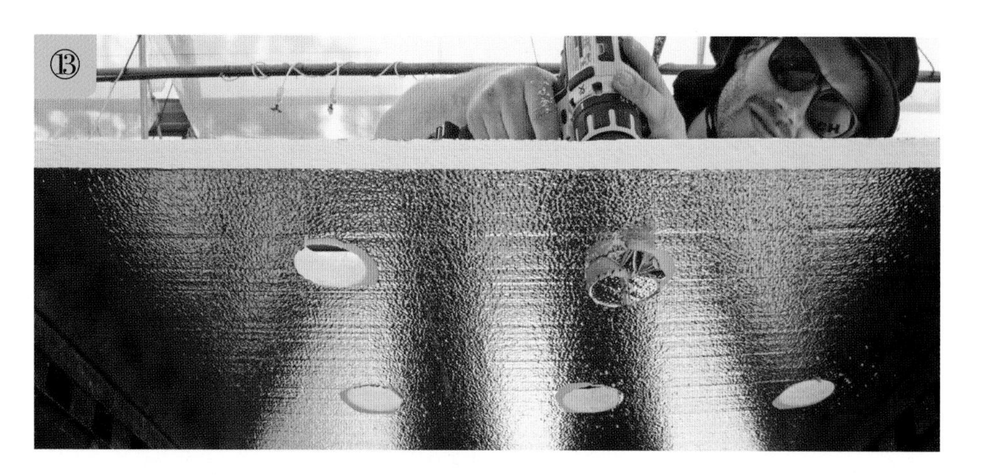

长的浮板上种 72 株甚至更多）。测量并标记植物在浮板上的位置，并用直径 5cm 的打孔器在浮板上打孔。

⑭ 有的种植者 DIY 时会将反光膜留在浮板上，笔者会撕掉反光膜，露出干净平整的白板。

⑮ 浮板与贮液池大小是否匹配很重要。调整浮板尺寸，使其与贮液池完美匹配。如果贮液池中营养液暴露在外的面积过大，容易滋生藻类；但如果浮板紧紧卡在贮液池里，则会出现水位下降而浮板不下移的情况，最终可能引起根系缺水。

⑯ 将直径 5cm 的定植杯放入浮板上预先打好的孔中。

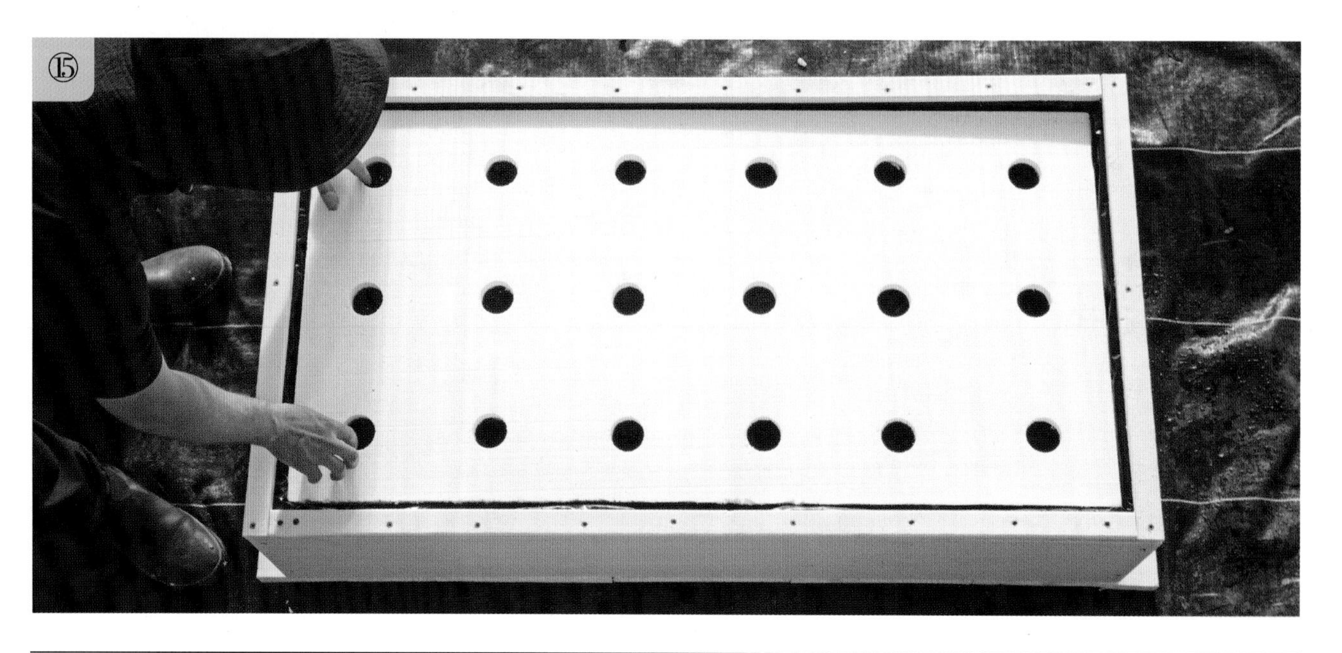

3.3.4.3 添加营养液、通气及移栽

向贮液池中注水，水面加至距池子边缘 3cm 处。此时贮液池中水深大约 25cm，水量约 230L。

根据肥料包装上说明书推荐比例配制营养液，将肥料充分混入水中，完全溶解。关于营养液的管理，参阅“6.1 营养液管理”的相关内容，调整营养液的 EC 值和 pH 值至适宜范围。

其他选项：增设空气泵可以改善植株生长，降低根腐病的发生概率。下图中，贮液池右侧有一个 4 通道、流速为 15L/min 的气泵，该气泵与贮液池中均匀分布的 4 个直径为 10cm 的圆形砂头相连，可以向营养液中通入大量空气。放置在贮液池顶部边缘的小空气泵与小型太阳能电池板相连，这种小空气泵只有一个通道，空气输出量仅为大空气泵的 1/4，而且只有在阳光充分照射的条件下才会启动。该太阳能空气泵造价相对较高，但它不需要通电，可以放置在任何有阳光照射的地方。

将浮板浮在贮液池中，然后移栽幼苗。岩棉在该系统中应用效果很好，其他各类常见栽培基质在浮板式系统中应用效果都不错。使用吸水能力强的基质（如椰糠或草炭）时要特别注意浇水过多的问题，刚定植的幼苗根系较弱，浇水过多容易导致根系腐烂。

向浮板式水培系统中的营养液通气对叶菜来说并非必需的，但该措施会改善作物生长状况并能增加作物的潜在产量。

有的种植者甚至会选择土壤栽培苗，而土壤栽培苗可能不太干净，要时常清理栽培系统，才能保持系统整洁。

3.3.4.4 系统维护

大多数叶菜都可以在该栽培系统中进行种植，并且从移栽到采收都不需要进行系统维护。但如果栽培的是生长周期较长的作物，就要定期更换营养液。关于营养液管理参阅“6.1 营养液管理”的相关内容。

3.3.4.5 其他选项

浮板式菜园可以在“3.5 营养液膜栽培系统”介绍的营养液膜栽培系统（NFT）中用作贮液池。如果要建立 NFT 菜园，则需要在浮板式系统上方建一个支撑 PVC 管道的框架。这个框架还需安装一组植物生长灯，这组生长灯可作为补充光源来解决温室的弱光问题。如果将该系统放在室内，这组植物生长灯完全可以为作物提供充足的光照。

参考“3.5 营养液膜栽培系统”的操作指南，可以在浮板式栽培系统上增加一层，形成双层栽培。

3.3.4.6 故障排除

（1）根系生长不良或呈现褐色

• 水温可能太高。

• pH 值可能超出适宜范围。根据不同的作物幼苗调整营养液适宜 pH 值（适宜 pH 值见附录）。

• 作物根系可能发生了病害，或者是栽培的作物对环境变化十分敏感。使用前，应将贮液池、浮板及定植杯冲洗干净并彻底消毒。

（2）植株生长缓慢

• 检测 EC 值确保其在适宜范围内。

• 菜园可能光照不足。

• 水温可能太低。水温低于 18℃时一些作物生长会迟缓。尝试将贮液池涂成黑色，配备热水器，或者选一些耐冷性更强的作物。

（3）水位下降过快

• 内衬防漏膜可能有漏水的地方。检查贮液池周围是否有漏水，如果贮液池漏水，将现有内衬取出，检查贮液池中是否有刺破内衬的硬物，然后换上新的内衬。如果依然漏水，可以试一下在贮液池侧壁和底部铺上泡沫板，再放上新的内衬薄膜。

3.4 浮板毛管式栽培系统

浮板毛管式栽培系统非常实用，经过简单改造就可以适用各种基质、肥料和作物。与前文介绍的水培菜园相似，浮板毛管式菜园也不需要通电，并且设计简单。

毛细管作用是一种自然现象（毛细管插入浸润液体，管内液面上升并高于管外，毛细管插入不浸润液体，管内液面下降并低于管外的现象，就是毛细管作用。——译者注），浮板毛管式栽培系统通过毛细管作用利用水的表面张力和附着力，使水逆重力向上流动。举一个简单常见的例子，我们可以利用纸巾从杯子里向上吸水。在浮板毛管式栽培系统中，凸起的菜园框架就是“杯子”，而质地较细的基质如椰糠、泥炭、土壤等就是“纸巾”。

适合场所：

室外或温室中

改装后室内也可用

尺寸：

大小皆宜

基质：

陶粒

椰糠

是否需要供电：

不需要

适用作物：

叶菜

香草

草莓

短花期作物

浮板毛管式栽培系统的框架内有一层防水层，该防水层是厚度约为 0.2mm 的油漆喷层，可有效防止泄漏并保护木框不发生腐烂。栽培床底部填充的是质地较粗、排水性好的基质，如陶粒、鹅卵石或砾石。栽培床底部的营养液通过毛细管作用被运送到上层质地较细的基质上。粗麻布类的针织物用来防止基质掉入贮液池。该系统有进水管和出水管，前者用于向贮液池注水，后者可有效防止贮液池水量过多。

3.4.1 作物选择

浮板毛管式栽培系统比较适合种植喜潮湿的作物，不适合种植仙人掌类不耐湿的植物。种植者可以设计由多层不同质地基质组成的栽培床，营造干爽环境的同时又保持根系水分充足，但是可能需要多次尝试，以找出适宜特定栽培环境的最佳作物和最佳菜园大小的组合。

栽培床的空间大小对选择作物有一定的限制。虽然也可以种植番茄或黄瓜这类大株型作物，但由于栽培空间有限，通常该系统只种植一种作物。

3.4.2 摆放场所

浮板毛管式栽培系统大都放置在室外或温室中。室内也可以使用，需要安装一个收集瓶用来收集溢出的水，或将溢出的水引流至排水槽，避免破坏室内环境。如不能将溢流引流到容器中，除非经特定改装，否则不适合在室内使用。

3.4.3 浮板毛管式栽培系统的多样化

浮板毛管式栽培系统设计灵活，在无土栽培菜园和传统菜园中都有应用。还可以在建造系统过程中进行一些设计、修改，以便使用传统盆栽肥料，但这种改造在其他水培菜园中并不适用。以下列出的是对该系统的一些改造设计，读者可以根据个人需求对种植床进行改装。

- 进水管和溢水管可以用聚氯乙烯管（PVC）代替乙烯基管。
- 用金属槽或塑料管代替木质框架。
- 用橡胶内衬垫代替刷油漆。
- 用喷漆画的方法代替不同木板装饰。
- 建一个木架子以支撑大株型作物。
- 栽培床上方安装横梁，以固定植物生长灯。

3.4.4 如何制作浮板毛管式水培床

下文介绍的栽培床是采用水培方式的，但实际上这套系统也可以用于其他类型的基质栽培。种植者可以尝试多种基质。如果失败了，不过就是将基质倒出来，更换基质再试一次。

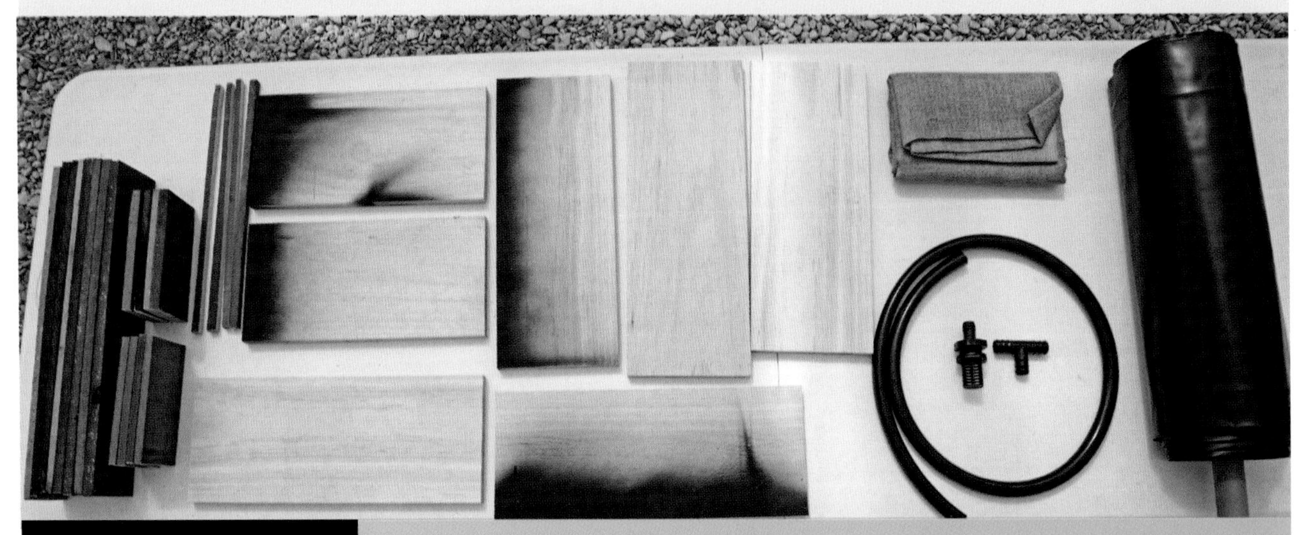

材料和工具

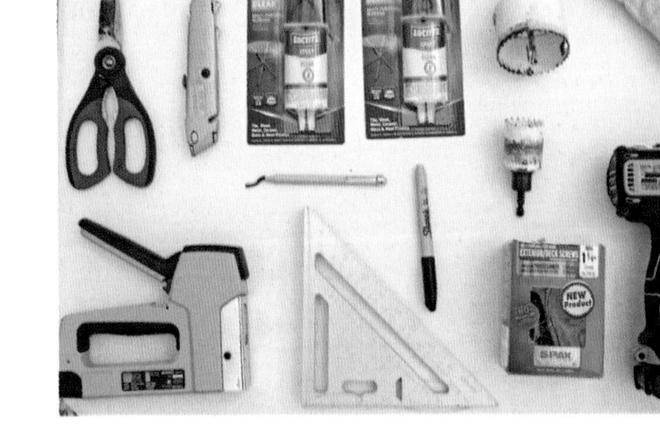

整体框架

2.5cm 厚 ×20cm 宽 ×250cm 长的浅色木板　2 块

1.5cm 厚 ×10cm 宽 ×120cm 长的深色木板　5 块

3cm 长、直径 4mm 的外部螺丝　若干

2cm 长、直径 4mm 的木螺丝钉　若干

1.8m 宽 ×30m 长 2.5 丝厚的黑色塑料膜　1 张

60cm 长、内径 6 分的黑色乙烯基软管　1 根

内径 6 分的注水 / 排水配件（带滤网）　1 套

内径 6 分的三通　1 个

60cm×180cm 的粗麻布　1 块

防护装备

工作手套

护目镜

基质

10L 陶粒

60 立方英尺（约 60L。——译者注）粗椰糠

其他选项

黑板漆

油漆刷

无色环氧树脂快速固化剂

粉笔

工具

圆盘锯

三角板

水平尺

钻孔机

钻头配套螺丝钉

卷尺

记号笔

孔径 3.5cm 的钻头

3 ～ 36mm 步进阶梯钻（6mm 步进）

孔径 5cm 的钻头

订书器和订书钉

重型剪刀

带夹子的锯木架

去毛刺工具

0.65 ～ 3.5cm 阶梯钻

3.4.4.1 整体框架的组装

在组装栽培床的过程中，有几种方法可以简化组装工作。大多数木材商店都可以按照顾客的要求，将木材切割成特定的尺寸。购买木材时可以请商家按下列步骤中列出的尺寸对木材进行切割，这样可略过步骤 ①，简化组装过程，节省人力物力。另外，选用深色木板只是为了美观，也可以省略。

① 戴上工作手套和护目镜，将两块 2.5cm 厚 ×20cm 宽 ×250cm 长的松木板按以下尺寸切割。

- 将第一块板沿长边进行切割，切成四块长 45cm 和一块长 35cm 的板。
- 将第二块板也沿长边进行切割，切成一块长 35cm 的板和一块长 50cm 的板。

② 将五块 1.5cm 厚 ×10cm 宽 ×120cm 长的深色木板沿长边进行切割。

- 将其中四块分别切割成两个 50cm 长和一个 20cm 长的板
- 将第五块板切割成 4 个 20cm 长的板

最终切割好的木材尺寸和数量如下。

2.5cm 厚 ×20cm 宽 ×45cm 长的浅色木板　4 块
2.5cm 厚 ×20cm 宽 ×35cm 长的浅色木板　2 块
2.5cm 厚 ×20cm 宽 ×50cm 长的浅色木板　1 块
1.5cm 厚 ×10cm 宽 ×50cm 长的深色木板　8 块
1.5cm 厚 ×10cm 宽 ×20cm 长的深色木板　8 块

③ 这一步仅是为了美观，并不是必需的。在栽培床上边缘刷黑板漆，组装前后均可进行。如果是组装前刷，漆应刷在两块 2.5cm 厚 ×20cm 宽 ×45cm 长的浅色木板的宽边上，以及两块 2.5cm 厚 ×20cm 宽 ×35cm 长的浅色木板的底部（刷漆位置可参照图 ⑧。——译者注）。

④ 为了保证整体框架形状方正，结构稳固，如图 ④ 所示，取一块 35cm 长的浅色木板与一块 50cm 长的浅色木板垂直放置在一起，用两个 3cm 的螺丝钉固定住。50cm 长的浅色木板将当作栽培床的底面（底座。——译者注）。

⑤ 如图 ⑤ 所示，用两个 3cm 的螺丝将 45cm 长的浅色木板固定在 35cm 长的浅色木板上。

⑥ 如图 ⑥ 所示，将另一块 45cm 长的浅色木板也固定到上述 35cm 长的浅色木板上，完成一面侧壁的组装。

⑦ 重复步骤 ⑤ 和 ⑥，组装另一面侧壁。

⑧ 将另一块 35cm 长的浅色木板装上，栽培床就组装好了。如图 ⑧ 所示，50cm 长的浅色木板栽培床的底座，35cm 长的两块板为左右侧壁，上下两块 45cm 长的板是栽培床的前后侧壁（每面两块板）。

3.4.4.2 内衬和排水装置的安装

⑨ 在栽培床的前侧壁（45cm 板）上打一个直径 3.5cm 的孔，孔的位置是：距底座 15cm，距右侧壁 7.5cm。用 3.5cm 孔径钻头打孔。

⑩ 使用步进钻头将上述 3.5cm 的孔由外到内打磨，孔的边缘形成一定的坡度，这个坡度有助于后续

⑭

⑯

安装排水管。

⑪ 将黑色塑料膜铺在栽培床里，作为栽培床的内衬。把拐角处的塑料膜折叠整齐，确保塑料膜与栽培床内壁贴合。

⑫ 将塑料膜沿栽培床的内壁边缘固定好。

⑬ 用剪刀剪去栽培床外多余的塑料膜。

⑭ 安装排水管。如图 ⑭ 所示，将一段 7.5cm 长、内径 6 分的乙烯基软管与排水接头连在一起。安装时，先不要拧紧，当心橡胶垫圈从接头上掉下来。

⑮ 在排水孔对应的塑料膜内衬上开一个小孔，这个孔要与排水接头的直径相近。

⑯ 将排水管安装在栽培床上，拧紧接口，以防漏水。

⑰ 在开始下一步工作之前，一定要先检查装置是否漏水！如果发现接头周围漏水，需调整内衬再拧紧接头。如果发现其他地方漏水，则需要更换内衬。栽培床中的水必须从排水管中排出。确定没有漏水后，就可以进行下一步。

3.4.4.3 深色木板装饰栽培床

这一步不是必须要做的，用深色木板进行装饰仅是为了美观。喷漆也可以达到装饰的效果。在组装深色木板的过程中，笔者不小心把木板裁短了 2.5cm，于是临时想出了一个解决办法，把一块细长的木条补在边角处。书中使用的尺寸已进行了更正，因此读者不会犯同样的错误，或是说错过了一次创造的机会。在 DIY 过程中的错误也可以称作创造力！

⑱ 如图 ⑱ 所示，用孔径 5cm 的钻头在 50cm 长的深色木板上打一个孔，孔的中心距长边 5cm，距宽边 7.5cm。

⑲ 将深色木板安装在栽培床的前侧面上，位置参照图 ⑲。有两种安装方法：

方法 1：在板上涂无色环氧树脂快速固化剂，贴到栽培床上，用夹子将板固定好，直至固化剂干燥。

方法 2：用 2cm 长的木螺丝将木板固定在栽培床上。

⑱

⑲

3.4.4.4 安装进水管并向栽培床中添加基质

⑳ 安装进水管。将 45cm 长、内径 6 分的乙烯基软管与内径 6 分的三通连接。

㉑ 准备好基质。

㉒ 将陶粒冲洗干净，洗掉陶粒表面的泥沙。

㉓ 浸泡椰糠块，使其吸水膨胀散开。

㉔ 将连接进水管的三通放在栽培床底部，不要与排水管放在同一侧。水从进水管流入栽培床，然后流经栽培床的底部，最后从另一端的排水管排出。将陶粒填入栽培床的底部，并将进水管固定在其中。

㉕ 栽培床底部的陶粒厚度要高于排水管，但不要将排水管埋得太深（排水管的位置参照图 ⑲。——译者注），否则上层基质还没吸到水，水就已经从排水管排走了。

㉖ 剪一块大小足以覆盖栽培床的粗麻布。粗麻布孔隙大，透水性好，可以在上下两种基质之间形成分隔层。使用多层粗麻布，将有效防止上层的椰糠进入排水管中。

㉗ 将粗麻布放入栽培床，平铺在陶粒表面。

㉘ 将吸饱水的椰糠加到栽培床中，椰糠高度距内衬上边缘约 1cm。

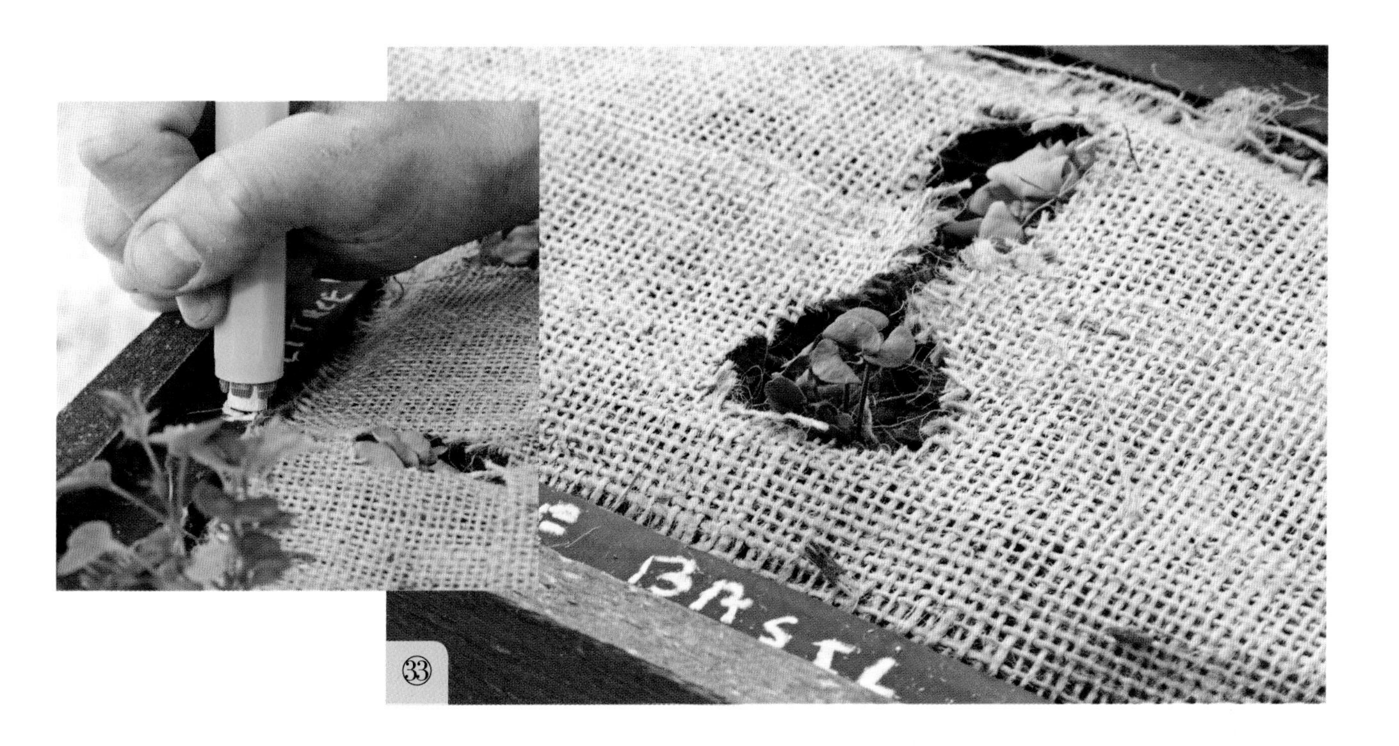

3.4.4.5　种植和装饰

㉙ 剪一块粗麻布覆盖在栽培床中基质的表面。

㉚ 用钉子把粗麻布固定在栽培床上。

㉛ 在对应进水口的位置，在麻布上开一个口，并将栽培床边缘多出的麻布剪掉。

㉜ 在种植植物的相应位置开口。

㉝ 移栽幼苗时，可以在种植幼苗旁的栽培床上标记幼苗的品种和移栽时间。

㉞ 移栽后，立即从基质上方浇水，确保幼苗的根部与基质充分接触。

㉟ 移栽后的前两周，需要每隔两天从基质上方浇一次水。在植株根系没有深扎进基质之前，先不要使用进水管进行浇水，因为此时植物的根系还很浅，不能吸收到下层基质中的水分。几周后，植株的根系已经扎得很深了，就可以使用进水管灌溉植株了。根据栽培环境，适时从基质上方浇水即可。

栽培床中的粗麻布主要用于装饰，但在温度较高的环境，有助于维持栽培床的湿度。

㊱ 这种栽培系统中所用的基质没有施加底肥，植物所需的养分均来自营养液。每周浇一次营养液，一般可以满足系统中作物的营养需求。向系统中注水时，加到排水管开始往外排水，即可停止注水。

栽培系统

营养液膜栽培系统简单、节水，是非常受欢迎的室内栽培系统。

3.5 营养液膜栽培系统

营养液膜栽培系统（NFT）是一种循环式水培方式，营养液在栽培管道中循环流动，为植物提供所需的水分和养分。NFT 是商业化种植绿叶蔬菜最流行的技术之一。NFT 只需配备一个较小的贮液池，就可以为数十株植物供应水肥。NFT 非常受屋顶种植者的欢迎，种植者只需配备一个小型的贮液池，就可以将 NFT 管道铺满整个屋顶，而不必担心屋顶的承重能力。水的重量是不可忽视的，较大的贮液池可能会超出屋顶的承重能力。许多家庭种植者，特别是室内种植者，可能也会担心贮液池过重的问题。

适合场所：室内，室外或温室

尺寸：中到大型

栽培基质：岩棉

是否需要供电：需要

作物：绿叶菜、香草和草莓

NFT 可以改造成很多种形式，是非常流行的 DIY 水培技术。笔者曾见过 NFT 管道以层叠的形式排列在墙上、以金字塔形式或呈螺旋状组装。NFT 系统更易融入创意元素，DIY 的 NFT 系统比其他系统效果更好。在此，笔者鼓励大家进行尝试。不过，首先要了解 NFT 系统的局限性和建造细节，这样种植者就可以少走冤枉路。决定 NFT 菜园能否成功的因素包括作物的选择、生长环境、管道长度、管道坡度、管道形状和营养液流速。

3.5.1 作物选择

NFT 系统适合种植绿叶蔬菜、香草和草莓。这些作物根系在成熟期虽然也较发达，但通常不会大到限制 NFT 系统中营养液的流动。但如果种植更大的作物，如西红柿、辣椒和黄瓜，根系会堵塞管道。一些种植者选择使用较大的 PVC 管（10cm 或更大）或较宽的水槽来栽培这些较大的作物。关于种植大作物，可以尝试一下，但总的来说，NFT 不太适合。

3.5.2 摆放场所

NFT 系统可以只通过一个小型贮液池就灌溉多条管道，在建立室内菜园选择栽培系统时很受欢迎。NFT 系统是屋顶、教室、阳台、寓所种植的绝佳选择。NFT 菜园通常会形成遮光冠层，因此，需要安装生长灯进行补光。对于种植多种不同株高的植物来说，为植物提供均匀的光照是个比较棘手的问题，高大的植物虽然能够接收大量的光，但同时也遮挡了其他矮小植物接受光照。不过，受光不均这种情况在室内 NFT 菜园很少出现。

3.5.3 NFT 管道

本书中 NFT 菜园的管道是由内径 5cm 的 PVC 管和直径 5cm 的定植杯组成的。其他比较常用的材料还有内径 7.5cm 的 PVC 管、水槽等。如果使用水槽，最好配上水槽盖，以避免管道中滋生藻类。像水槽这样的平底管道，有时水会直接沿管道两侧流动，而不是在中间流动。如果水在两侧流动，很难让幼苗根系充分地接触营养液。底部有凹槽的管道能通过沿管道底部均匀地分散营养液流来缓解这一问题。

管道的长度是需要考虑的重要因素。大多数商业 NFT 管道的长度从 1m 到 5m 不等。管道较长可能容易出现下垂，需要多设几个支撑点。管道下垂会造成营养液积滞，导致根区含氧量减少，水温升高，根部病害发生的概率增加。

炎热的环境下，经常会热量过度积累，因此，不建议使用长管道。使用长管道时，营养液需要较长的时间才能流经管道，再流回贮液池，流过管道的时间越长，营养液的温度也会越高。因此，高温环境下，建议种植者选择小于或等于 2.5m 的管道，除非配备营养液降温设备或使用其他降温办法。

NFT 管道的坡度对于控制营养液的热量积聚和避免营养液在管道内积滞也很重要。一般可以接受的坡度范围是 1% ~ 4%。商业系统中常将坡度范围设置在 2% ~ 3%。文中构建的 NFT 系统是选用 1.2m 的管道，管道倾斜使两端高度差 2.5cm，从而形成 2% 的坡度。

水泵故障和断电情况

NFT 系统最大的不足就是停电时容易导致作物快速死亡。生长在 NFT 管道中的植物需要持续或非常频繁地灌溉。如果水泵出现故障或者停电，基质含水量和根区的水分供应将无法保证。在温暖、阳光充足的环境中，停止灌溉 30min 可能就会导致 NFT 管道中的作物死亡。笔者在运行 NFT 系统的商业农场工作了 5 年，目睹过发生很多次作物大规模歉收的情况，几乎都是由于水泵故障或断电造成的。大型 NFT 农场在停电时会有备用发电机，避免造成较大的损失，但通常家庭种植者不具备这样的条件。本书前面介绍的所有 DIY 系统都能够保证作物在没有电的情况下生长几天到几周，但此处及之后介绍的栽培系统需要使用水泵和循环灌溉装置，都非常依赖电力。接下来介绍的栽培系统，其建造的复杂程度和失败风险均有所增加。现在，让我们抛开这些顾虑，建立一些真正令人兴奋的无土栽培循环系统吧。

3.5.4 流速

大多数 NFT 菜园的适宜流速为每条管道每分钟 0.5 ～ 1L 营养液。笔者发现当流速达到 2.5L/min 时，植物长势更好。测量管道流速的方法是：将待测管道与测量杯相连，测量 1min 内从这条管道流出的营养液的量，也可以记录接满 1L 营养液需要的时间，然后用这个数字计算每分钟的流速。在“2.1 灌溉”部分详细讲过如何计算满足流速要求的最小泵出量。由于此计算方法十分重要，此处再复述一遍。

选择水泵时要考虑的主要因素是扬程、目标流速和输出管尺寸。大多数系统只需要一个有足够泵压的泵，可以将水输送到特定高度即可。例如，种植者选择用于潮汐系统的泵时，主要关注该泵的输水高度是否大于从泵出口到潮汐苗盘的距离。但有些系统对流速的要求较高，比如 NFT 和雾培系统。对于这些系统，必须要考虑输送的高度对流速的影响。当泵的输水高度为 1.2m 时，每小时可输送 2.2 吨水；输水高度为 3m 时，每小时仅能输送 0.75 吨水。灌溉系统的管道数量也会影响流速。一般来说，泵的出水量宁可略大一点，也不要选出水量偏小的泵。泵的出水量过大，可以通过阀门降低流速；但如果泵的出水量不足，就没有办法弥补了。一般来说，选择出水量较大的泵效果更好。用阀门能够降低流速，但不可能增大流速。

例如，NFT 系统的目标流速为每个栽培管道 55L/h，系统有 20 个管道，这意味着该泵必须能够同时输送 55L/h 水到 20 个管道，即 55L/h × 20 个管道的总量为 1100L/h。另外，还要考虑管道是位于水泵出水口上方 30cm 这个问题，所以，实际需要泵的出水量要大于 1100L/h。

3.5.5 如何制作营养液膜栽培系统（NFT）

注：此系统中的贮液池与本章前面讲的浮板式栽培系统的贮液池制作方法一致（详见“3.3 浮板式栽培系统”）。

建造 NFT 菜园不需要建造浮板式栽培系统。贮液池可以定制，也可以使用各种废弃材料（如不透明的塑料箱）制作。在温度较高的环境中，贮液池可以部分埋入地下，有利于减缓营养液升温。

材料

框架

5cm 厚 ×15cm 宽 ×250cm 长的木板 2 块

5cm 厚 ×10cm 宽 ×250cm 长的木板 2 块

白色水基乳胶底漆、密封剂和防玷污阻断剂 4L

6.5cm 长、直径 10mm 的外部螺丝钉 若干

3cm 长、直径 4mm 的外部螺丝钉 若干

管道

3m 长、直径 5cm 的 PVC 管 3 根

直径 5cm 的定植杯 22 个

灌溉

直径 5cm 的 PVC 三通 4 个

直径 5cm 的 PVC 堵头 6 个

直径 6 分的弯头 4 个

3.5m 长、直径 6 分的黑色乙烯基软管

1m 长、直径 6mm 的黑色乙烯基软管

自锁式扎带 1 个

直径 6 分的两孔管卡 9 个

直径 6 分的垫圈 1 个

直径 6mm 的倒钩连接器 4 个

220L 的潜水泵 1 个

底层照明系统（可选项）

120cm 六管 T5 生长灯 1 个

灯的吊杆 1 个

工具

油漆辊和 / 或漆刷
圆盘锯
去毛刺工具
钻孔机
钢锯
6～35mm 的 10 阶阶梯钻
卷尺
记号笔
直径 7cm 的钻头
三角板
水平尺
与钻头配套的螺丝钉
带夹子的锯木架
直径 5cm 的钻头
灌溉线打孔机
重型剪刀

防护设备

工作手套
护目镜

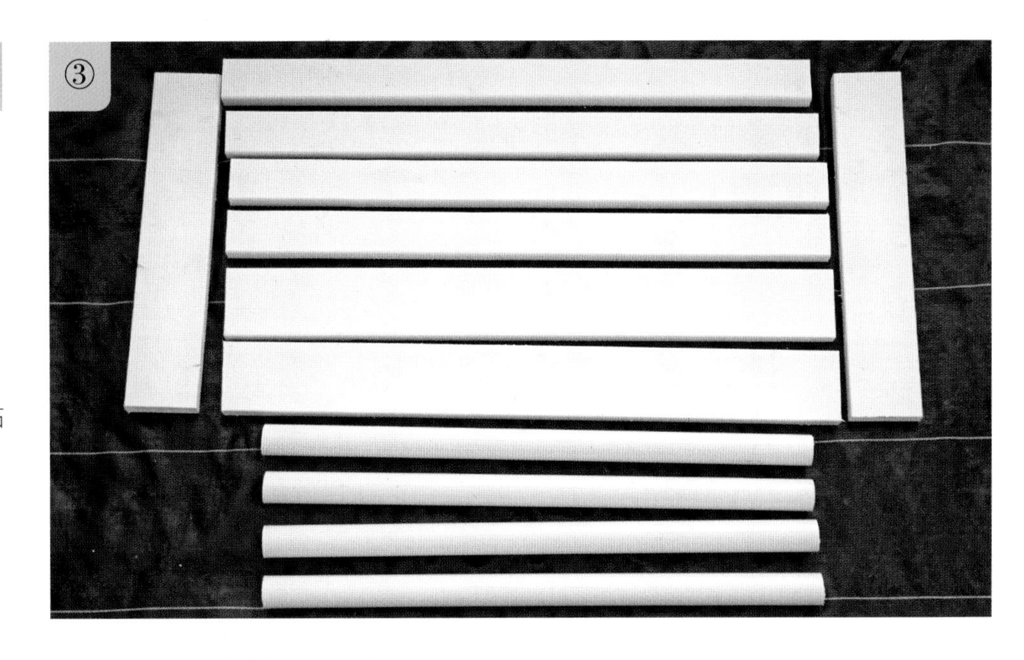

3.5.5.1 准备木材和 PVC 管

大多数木材商店都会按照顾客的要求将木材切割成特定的尺寸。一些家装店也可以切割 PVC 管。请按照下面步骤中列出的尺寸请商家进行切割，省去木材和 PVC 管的切割工作，节省了人力和物力。

① 戴上工作手套和护目镜，将两块 5cm 厚 ×15cm 宽 ×250cm 长的木板分别切割成以下尺寸（沿着长边进行切割）。

- 第一块板切成两块 120cm 长的木板
- 另一块板切成两块 80cm 长的木板

② 将两块 5cm 厚 ×10cm 宽 ×250cm 长的木板切成四块长 120cm 的板。最终获得切割好的木材尺寸和数量如下：

5cm 厚 ×15cm 宽 ×120cm 长　2 块
5cm 厚 ×15cm 宽 ×80cm 长　2 块
5cm 厚 ×10cm 宽 ×120cm 长　4 块

③ 组装前先将木材刷好油漆。

④ 将直径 5cm 的 PVC 管按以下尺寸切割，用去毛刺工具打磨切口边缘。

110cm 长的管　4 段
6cm 长的管　3 段
10cm 长的管　1 段
7.5cm 长的管　1 段
直径 6 分的垫圈

3.5.5.2 回液管的组装

回液管用于收集来自 NFT 管道的排水。在将全部组件粘在一起之前，回液管的总长度控制在 70cm 以内。如果较长，可以将 7.5cm 长的 PVC 管改为 6cm。各个三通的中心相距 12.5cm，当然这个间距可以调整，但对种植莴苣和罗勒来说 12.5cm 效果最好。在回液管一端（连接 10cmPVC 管），装一个 6 分的弯头，用于后续制作排水管。排水管还需再装一个 6 分的弯头，负责将水引流回贮液池（具体制作方法见下文。——译者注）。黏合前，检查是否有足够的空间安装弯头。

种植者在制作过程中，可能会发现自己的 PVC 三通和堵头的尺寸与本书中存在一定差异，可以按实际情况进行适当调整。

⑤ 如图 ⑤ 所示，将四个直径 5cm 的 PVC 三通与三个直径 6cm 的 PVC 串联在一起。用胶水将它们黏合，保证所有的三通在一个平面上。

⑥ 在串联好的三通组合一端连接 10cm 长的 PVC 管，另一端连接 7.5cm 长的 PVC 管，并在三通组合的两端安上堵头。

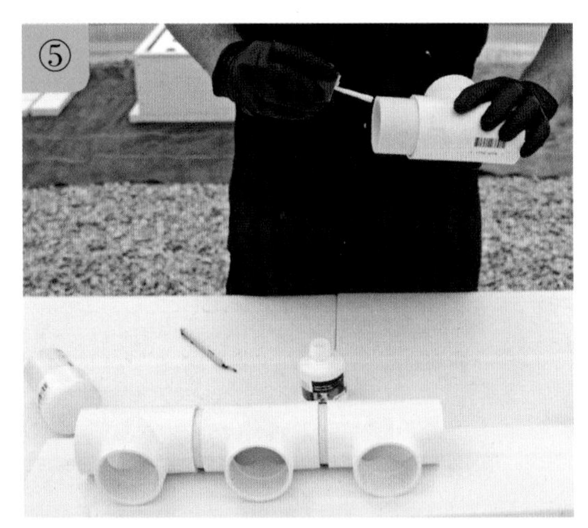

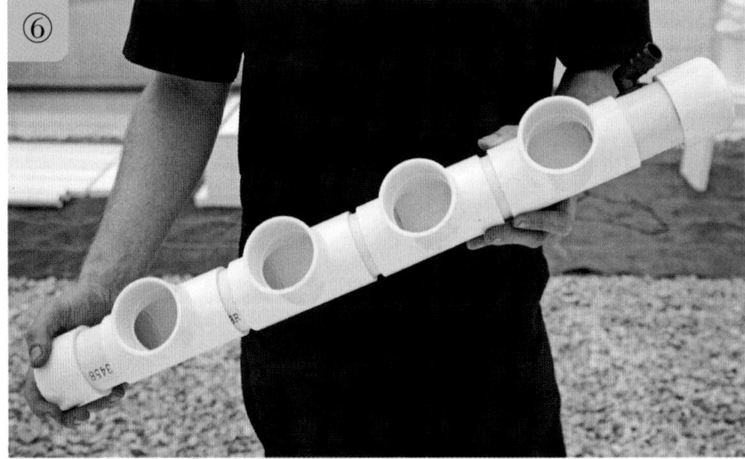

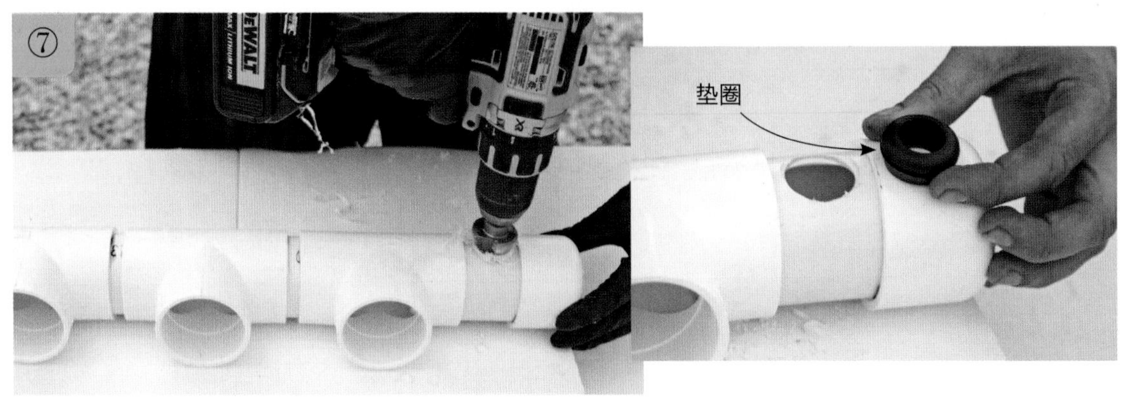

⑦ 连接 10cm PVC 管的一端用于安装直径 6 分的排水管。将一个直径 6 分的弯头插入该 PVC 管，另一个直径 6 分的弯头与之相连，用于引导水流进入贮液池。在钻孔前检查是否有足够的空间来安装弯头。缓慢钻 PVC 管，不断检查孔是否能够容纳垫圈。大多数 6 分垫圈可安装在 2 ～ 2.5cm 的孔中。

⑧ 将垫圈装在该孔上，并插入一个 6 分弯头。

3.5.5.3 整体框架的组装

⑨ 将回液管放在一块 5cm 厚 ×15cm 宽 ×80cm 长的木板上。放置方法如图 ⑩ 所示：两端端盖距离该木板宽边至少 4cm，回液管距木板其中一个长边 1.5cm，距另一个长边 6.0cm。放置好以后，用记号笔沿着各个三通端口对应位置画圆。

⑩ 在另一块 5cm 厚 ×15cm 宽 ×80cm 长的木板上重复步骤 ⑨。一定要在靠近木板长边侧画圆。这些标记位置将决定 NFT 管道的坡度（这两块打好孔的 5cm 厚 ×15cm 宽 ×80cm 长的木板将用作左、右横梁。——译者注）。

⑪ 用孔径 7cm 孔钻头在画圆位置上钻孔。清理木板上的锯末。

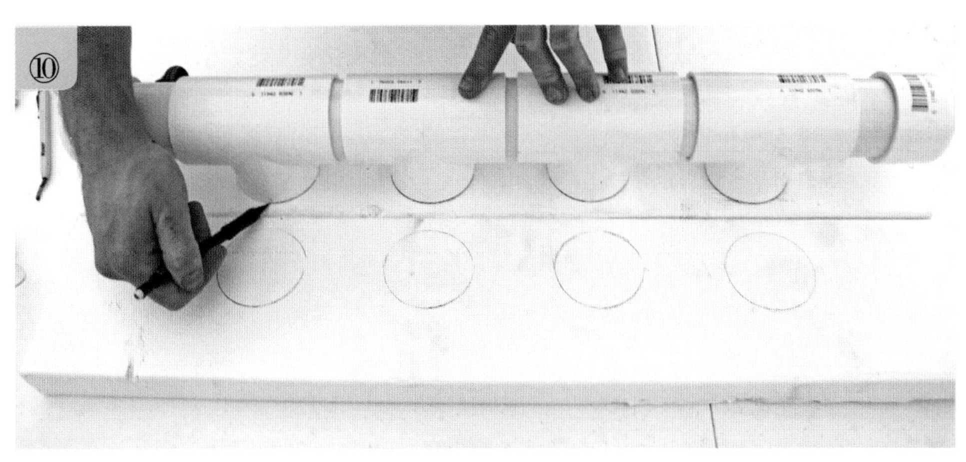

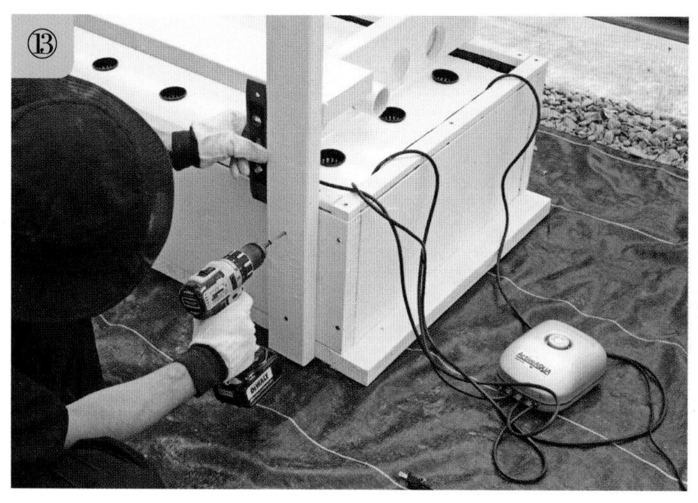

⑫ 将打好孔的左、右横梁木板沿贮液池宽边放置。5cm 厚 ×15cm 宽 ×120cm 长的板（作为前、后横梁。——译者注）沿贮液池长边方向置于其上，用于定位框架支腿（5cm 厚 ×10cm 宽 ×120cm 长的四块板做支腿。——译者注）的安装位置。

⑬ 将框架支腿固定在贮液池上，需要使用直尺和三角板进行辅助，以确保支腿直立、不倾斜。用两个 6.5cm 长的螺丝钉将支腿固定好。

⑭ 将前后横梁垂直固定在支腿上。该板的两端应与支腿的顶端齐平。

⑮ 标记安装左右横梁的位置。NFT 栽培管穿过左右横梁时需要形成一定的坡度，因此，框架两端的横梁在安装时有些不同。左横梁距前后横梁的宽边 13cm，右横梁距前后横梁的另一宽边 16cm。

⑯ 将左右横梁摆放好，一个是将有钻孔的一侧朝下放置，另一个是将有钻孔的一侧朝上放置。用螺丝钉固定左、右横梁，但先不要拧紧，插 NFT 栽培管时，可能需要对横梁稍作调整。待管子插好以后，再用螺钉将其固定好。

横梁上带钻孔的一侧朝下　　横梁上带钻孔的一侧朝上

⑰ 将 110cm 长的 PVC 管插入左右横梁，作为栽培管道。

⑱ 将回液管连接栽培管道一端。排水弯头置于回液管的下侧。尚无需把它粘上。

⑲ 在栽培管上标记放置定植杯的位置。本设计中，定植杯在栽培管道内的间隔为 15cm，以棋盘格式排列，为相邻管道之间的植物创造更大的空间。

打孔位置参考

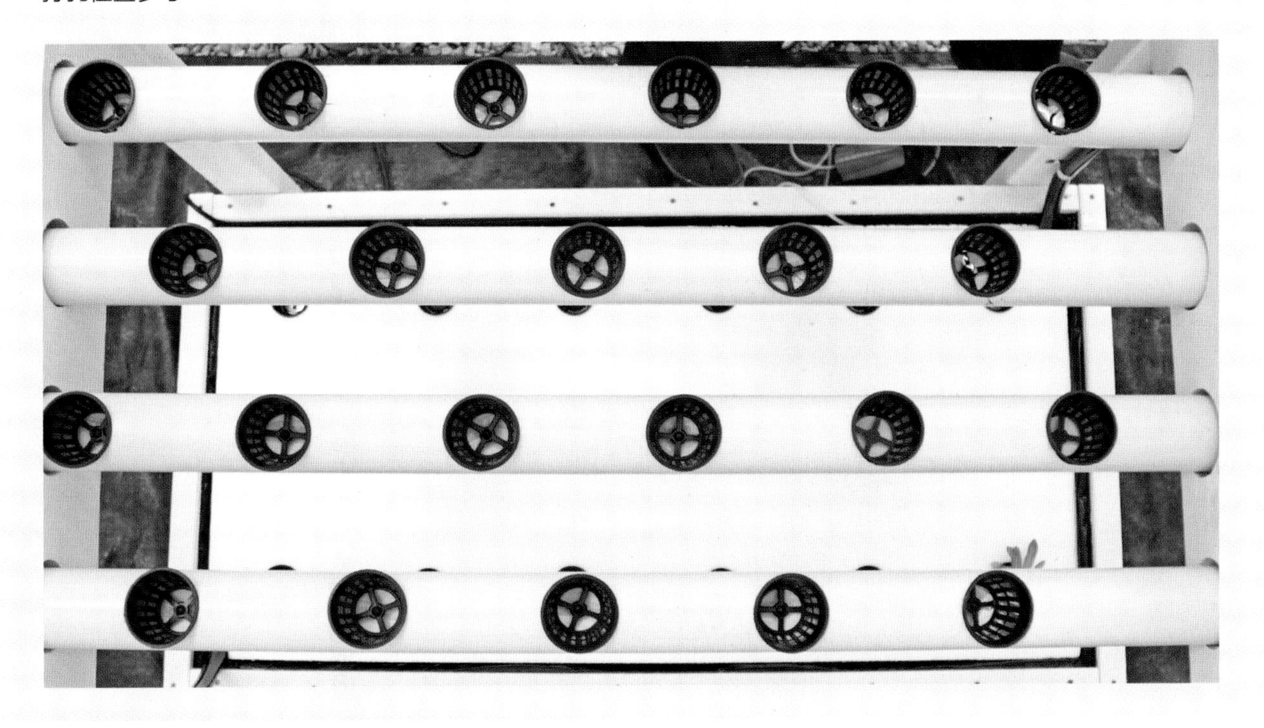

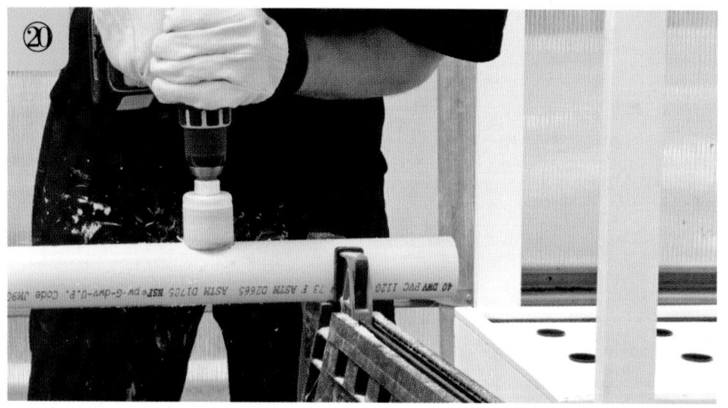

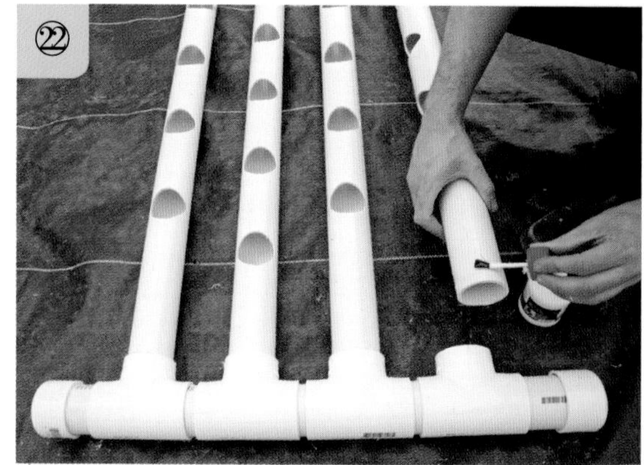

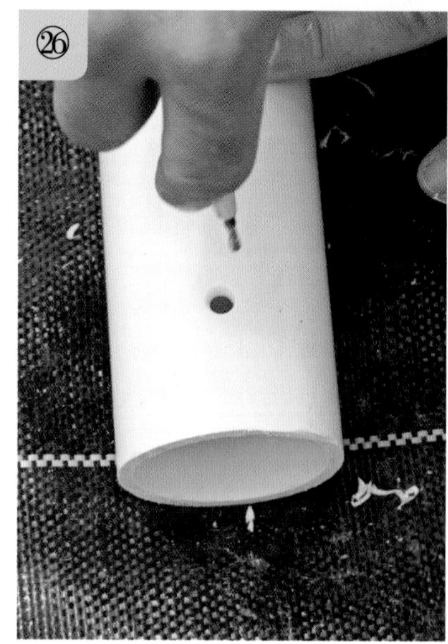

⑳ 从框架上取下管子进行打孔。在为定植杯钻孔时，先将管子用带夹子的锯架固定好，使用孔径 5cm 的钻头钻孔。钻头放在 PVC 管上，保持垂直。钻头一旦倾斜，很有可能会钻入 PVC 管的侧壁。

㉑ 用去毛刺工具清理钻孔。

㉒ 把钻好的管道钻孔朝上，粘到回液管上。

㉓ 将连上回液管的栽培管插回横梁。

㉔ 在栽培管的另一端盖上盖子，但先不要用胶黏合。

㉕ 在栽培管一端标出连接注水管的位置，如图 ㉕。

㉖ 在做标记的位置钻一个小孔，然后用去毛刺工具打磨小孔，孔的大小打磨到刚好装上直径 6mm 的乙烯基软管。插软管时，要保证软管紧紧地插在 PVC 管上。在管道组装之前进行钻孔，可能更容易操作。

3.5.5.4 组装灌溉系统

㉗ 连接在栽培管上的主供液管，是一根与贮液池中潜水泵相连的直径 6 分的乙烯基软管，管子沿着框架其中一条支腿向上延伸，用一个弯头引导供液管横跨横梁，最后以一个直径 6 分的弯头终止。终止弯头预留出 10cm 长的乙烯基软管末端，余出来的这段管子折叠起来，并用束线带紧紧地系住。清洗系统时，可以拆下此束线带来清洗管路。种植者在清理管路时可以通过末端的弯头将水从系统中引走。用 6 分的两孔管卡和 3cm 长的螺丝钉将供液管固定住。

㉘ 用软管打孔器在乙烯基软管上部打四个孔，将双头连接器插入这些孔中。

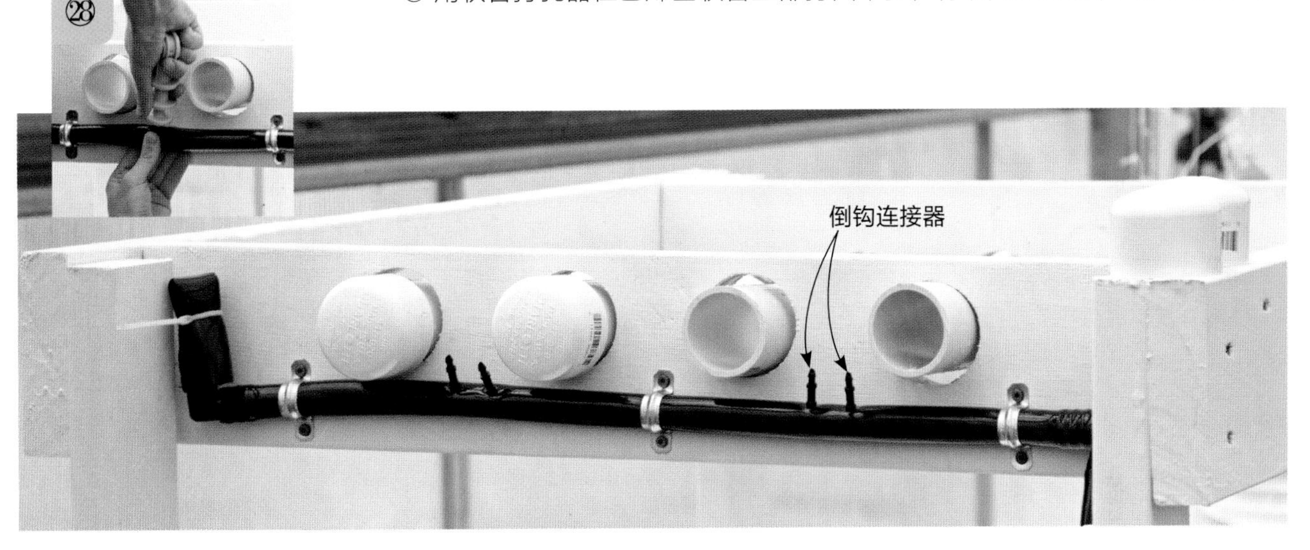

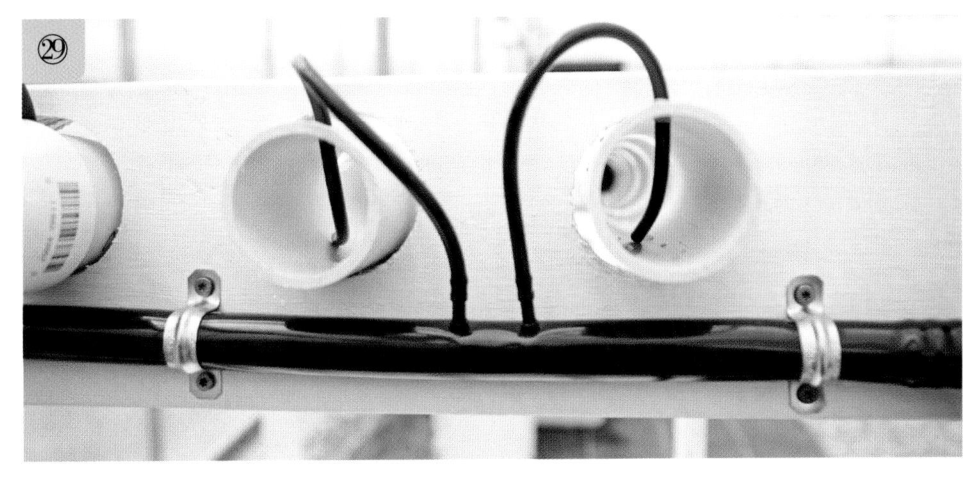

㉙ 从直径 6mm 的黑色乙烯基软管上剪四段 20cm 长的管子。管的一端连接在 6mm 倒钩连接器上，另一端插入 PVC 管道。软管要放在管道中，这样水就会沿着管道向下流动。

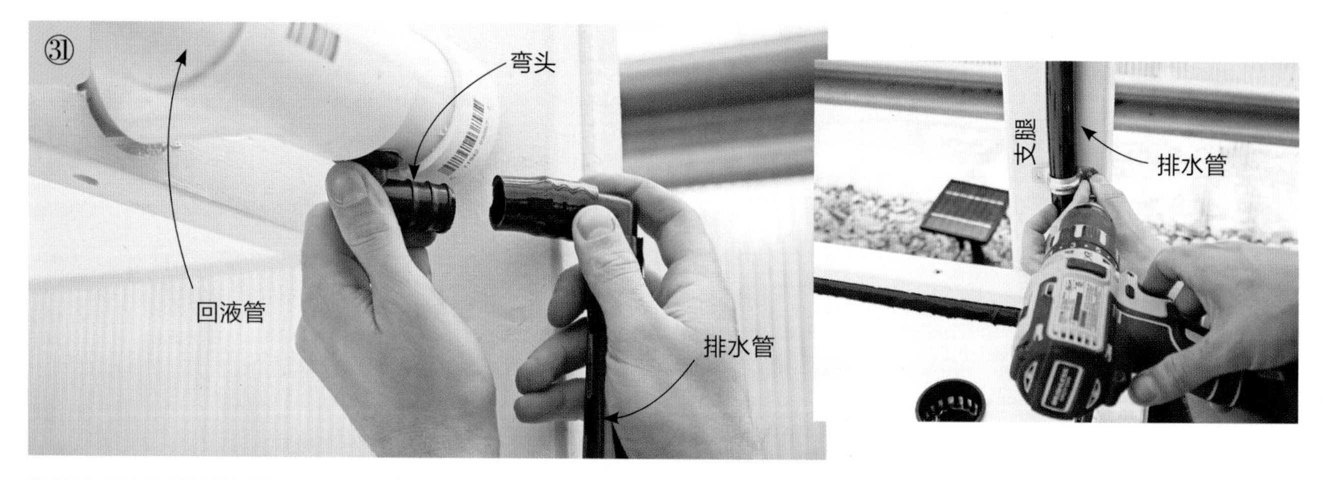

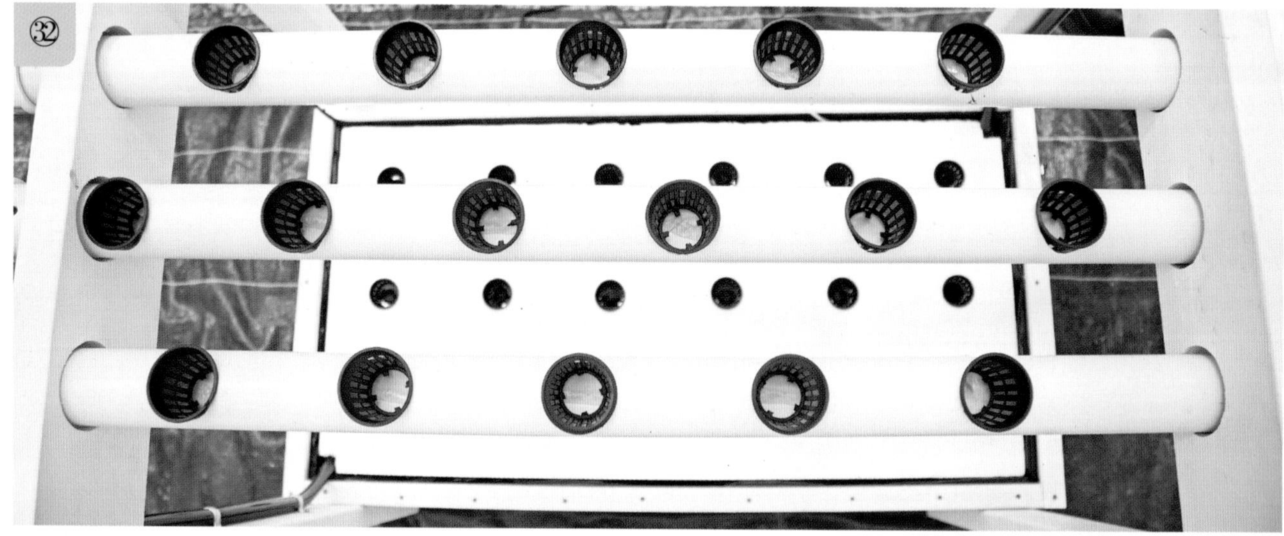

㉚ 将栽培管一端装上盖子。盖子不要用胶粘，这样以后可以随时拆下来进行清洗，而且便于排除潜在问题或故障。

㉛ 通过一小段直径 6 分的软管将回液管上的弯头与另一个 6 分的弯头连起来，形成直径 6 分的排水管，这样可以引导向下排水，也使沿着框架支腿铺设排水管变得容易。排水管应放置在贮液池底部，同时，潜水泵和排水管应对角线放置，这样当系统运行时，水就会在贮液池与管道之间循环流动。

㉜ 剪去直径 5cm 的定植杯杯底，调整其在管道中的位置和高度。这样能确保幼苗与营养液充分接触，采收时也能更容易从定植杯中取出植物。把定植杯放入管道。

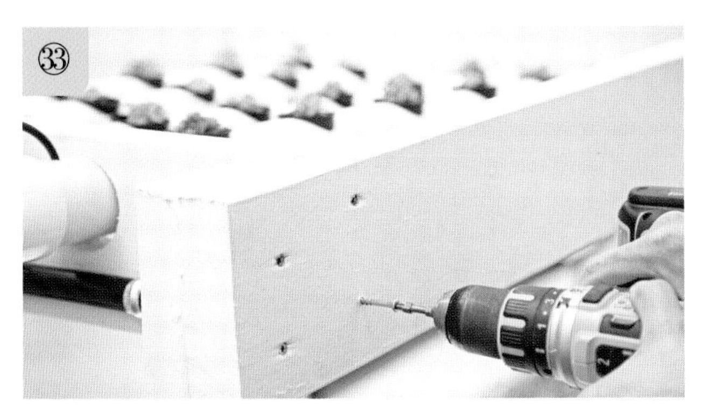

㉝ 在左右横梁与前后横梁的连接处再打一个螺丝钉，使其牢牢地固定在前后横梁上。

㉞ 如果这个 NFT 菜园是建在浮板式栽培系统上的，在浮板系统上方安装一个生长灯效果会更好。当然，不装生长灯，植物也可以生长，但生长可能会相对缓慢，种植周期变长。本设计中使用了一组120cm 长的六管生长灯。

3.5.5.5 栽培与采收

㉟ 幼苗移栽到栽培管道之前，应该能从定植杯底部看到有冒出的根。

㊱ 罗勒或其他一些香草类植物可以实现多次收获。但有时这些植物的根长得过大，就会限制管道内的营养液流动。

㊲ 许多 NFT 种植者喜欢采摘活体植物。在室内，可以将植物连根整株拔起，放在一杯水里，需要时可摘一些叶片。这样可以保持蔬菜新鲜，是一种非常棒的与朋友分享收获的方式。

㊳ 定植杯可以重复使用。将遗留在定植杯上的根取下来用于制作堆肥，定植杯清洗干净，可循环使用。

3.5.5.6 故障排除

（1）管道堵塞

• 检查根部是否堵塞管道。如有必要，采收作物之后，拆下管道进行检查。

• 检查陶粒或其他基质是否堵塞排水管。

（2）供液管堵塞

• 如果系统中使用了球阀（截流阀），可以关闭除堵塞管子之外的其他所有供液管。如果压力不够，无法将堵塞物冲走，请用一个展开的回形针沿着软管向下推动，将管子中的杂物推出来。如果管路仍然无法疏通，则需更换一根新的直径 6mm 的软管。更换完新的管子之后如果仍不通畅，则需更换双管接头。

3.6 桶式栽培系统

Top drip 这项无土栽培技术的形式设计多样，但都具有一个相似的特征，即灌溉管道由基质上方进行浇水。灌溉管道上常会安装一个流速调节装置来控制流量，从而形成 top drip。Top drip 最受欢迎的形式之一是荷兰桶。荷兰桶的底部是密封的，桶上只有一个排水位置。这个位置比桶的底部稍微高一些，这样水就可以被引导排入收集管中，收集管将使用过的营养液引回贮液池进行再循环。

适合场所： 室内、室外或温室

尺寸： 中到大型

生长基质： 珍珠岩或陶粒

是否需要供电： 需要

作物： 绿叶菜、大型开花作物，如番茄、黄瓜和辣椒

Top drip 系统由基质上方浇营养液。

单桶与双桶

传统的荷兰桶是用一个桶装满基质。单桶系统有两个缺点：很难检查植物根系的健康状况，而且如果排水系统堵塞，很难疏通。这些限制可以通过使用双桶系统来消除。例如，本章设计构建的双桶系统，两个桶套在一起。

套在里面的桶装着基质，有很多排水孔。套在外面的桶有一个单一的排水孔，该排水孔与通向贮液池的集水管相连。在双桶系统中，可以将内部桶取出来检查根的健康状况。临时取出内部桶使固定栓塞变得更容易，有效防止营养液流入收集管。

大多数商业无土栽培农场仍在采用单桶系统，因为它比双桶成本低，而且种植能力也很强。对于新一代无土栽培种植来说，检查根系健康状况的能力是很重要的，所以，本章展示了一个双桶系统的建造方法。

3.6.1 作物选择

荷兰桶通常用于大型开花作物，如啤酒花、西红柿、辣椒、黄瓜和茄子。许多这种大型作物在荷兰桶里可以种植一年或更长时间。绿叶蔬菜和草本植物可以在荷兰桶中种植，但大多数种植者更喜欢充分利用他们的桶来种植大型开花作物。

3.6.2 摆放场所

因为作物可以长得很大，荷兰桶菜园通常放在室外或温室里。许多使用荷兰桶的种植者在木桶旁边安装了一个辅助网，这样植物就可以攀爬着向上生长，节省空间且管理方便。在室内使用荷兰桶也未尝不可，但通常需要使用生长灯来进行补光。生长灯可以垂直安装为垂直辅助网上的作物补光。大多数室内种植者会安装一个与辅助网水平的格架，将植物水平地缠绕在上面，形成一个均匀受光的树冠层。植物良好的冠层能够让其相邻的植物遮阴少，光照利用率高，这对植物生长十分重要。

3.6.3 如何建造可循环供水的桶式栽培系统

为了便于描述和理解，本书仅以一个栽培桶的系统为例，介绍了该栽培系统的设计方案，供水和排水系统的建造方法。在实际应用中，可以根据个人需要，连接多个栽培桶，对该系统进行扩大。

材料和工具

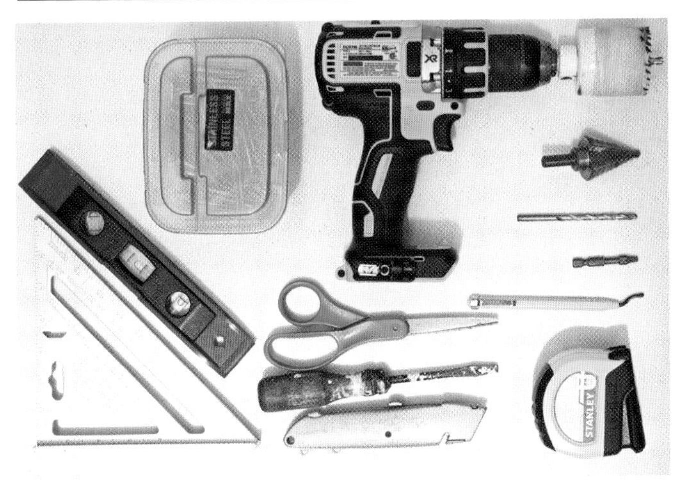

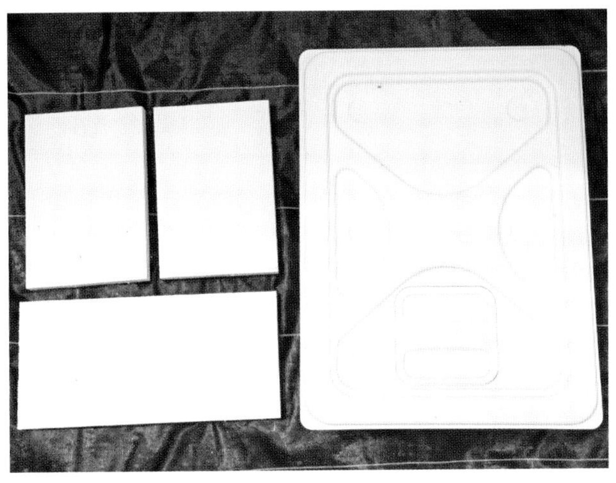

主体框架

5cm 厚×30cm 宽×250cm 长的木板　1 块

白色水基乳胶底漆，密封剂和防沾污阻断剂　4L

直径 8cm 长 #10 螺丝　若干

栽培桶

方桶　2 个

内径 6 分弯头　1 个

内径 6 分垫圈　1 个

基质

陶粒

灌溉系统

120cm 长、内径 4cm 的 PVC 管　1 根

内径 4cm 带管道卡扣的橡胶堵头　1 个

内径 4cm 带管道卡扣的橡胶弯头　1 个

内径 4cm 两孔管卡　2 个

75L 贮液池

150cm 长、内径 6 分黑色乙烯基软管　1 根

550GPH 的潜水泵　1 个

内径 6 分两孔管卡　3 个

自锁式扎带　1 个

内径 6mm 倒钩连接器　2 个

120cm 长、内径 6mm 黑色乙烯基软管　1 根

出水口定时器　1 个

工具

圆盘锯

钢锯

油漆刷 / 滚筒

水平工具

三角板

卷尺

记号笔

钻孔机

直径 5mm 的钻头

钻头匹配的螺丝

6～36mm10 阶阶梯钻

去毛刺的工具

重型剪刀

灌溉线打孔机

可选工具

辅助网（1.5m×9m，9cm² 网眼）

球型阀（关闭阀门）2 个

滴箭　2 个

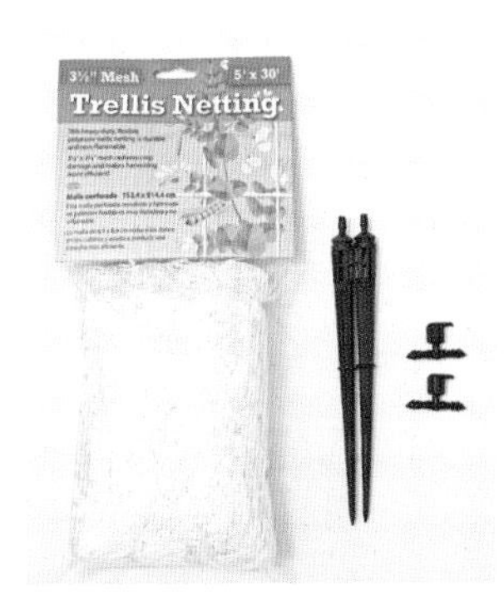

防护设备

工作手套

护目镜

3.6.3.1　组装整体框架和准备栽培桶

选择适合的栽培桶是很重要的。方形的桶是个不错的选择，当把两个桶叠放在一起时，桶底间至少要留有 5cm 的空隙。这样的方桶可以在杂货店、烘焙店里找到，这些方桶通常被用来盛放烘焙的原料。

在购买木材时，可以请商家把木材切割成所需的尺寸，这样既节省人力和物力，又简化了框架组装的过程。

整体框架并不是水平的，而是与贮液池呈一定角度的倾斜。如果选用煤渣，或煤渣和木屑的混合物作为栽培基质，要注意框架的承重能力。当基质吸水后栽培桶会变得很重，要确保框架可以承受足够重量。

① 戴上工作手套和护目镜，将 5cm 厚 ×30cm 宽 ×250cm 长的木板切割成以下尺寸：

5cm 厚 ×30cm 宽 ×40cm 长　作为较短的腿

5cm 厚 ×30cm 宽 ×41cm 长　作为较长的腿

5cm 厚 ×30cm 宽 ×60cm 长　作为框架桌面

② 清洗栽培桶，包括清除桶上的标签等。

③ 在组装前对木材进行喷漆。在这个系统中，需要将两个方桶叠放在一起。可以根据个人喜好对外部的桶进行喷漆；而内部的桶就没有喷漆的必要了。

④ 在内桶的底面标记排水孔的位置，用直径 5mm 的钻头打出几个排水孔。以保证栽培桶可以快速排水。

⑤ 分别用 40cm 和 41cm 长的木板作为整体框架的腿。40cm 长（较短）的腿在靠近贮液池一边，形成一个朝向贮液池倾斜的坡度。如图 ⑤ 所示，较长（41cm）的腿安装在与桌面的边缘齐平的位置；而较短（40cm）腿安装在桌面另一边缘向内缩进 20cm 的位置。使用水平仪、直角尺和 8cm 长的螺钉完成上述组装。

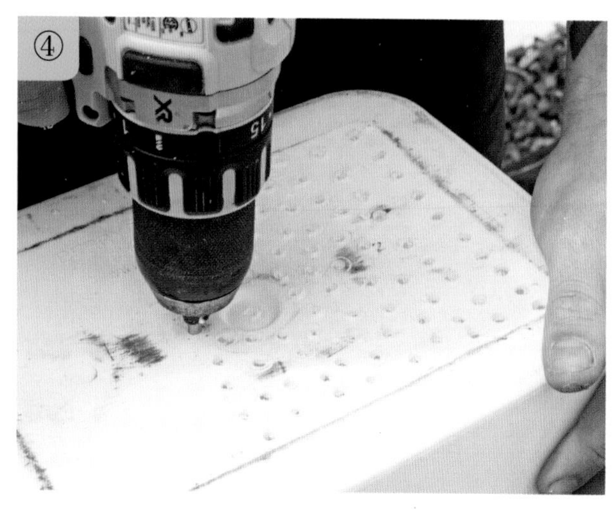

⑥ 桶盖可以有效地减少藻类的生长，可以保留栽培桶的盖子。根据定植的位置，在盖子上打一些比定植孔稍大一点的洞。这种栽培桶一般可以种两棵以上的植物。

3.6.3.2 安装灌溉系统

这个栽培系统可以扩建多个栽培桶。进行扩建时，需要增加整体框架、内径 4cm 的 PVC 管和 6 分乙烯基软管的长度，同时每多安装一个桶，需要相应地增加一套内径 6mm 乙烯基软管及其组件。

⑦ 将内径 4cm 的 PVC 管分别切割成 25cm 和 65cm 的小段。

⑧ 将栽培桶和 65cm 长的 PVC 管摆放到框架桌面上的合适位置，保证 PVC 管的两端有足够的空间来固定两孔管卡。

⑨ 将 65cm 长的 PVC 管的一端塞上橡胶堵头，旋紧卡扣。

⑩ 将该管的另一端连上橡胶弯头，旋紧卡扣。

⑪ 之后用内径 4cm 的两孔管卡将该管的两端固定在框架桌面上（如图 ⑪ 所示）。

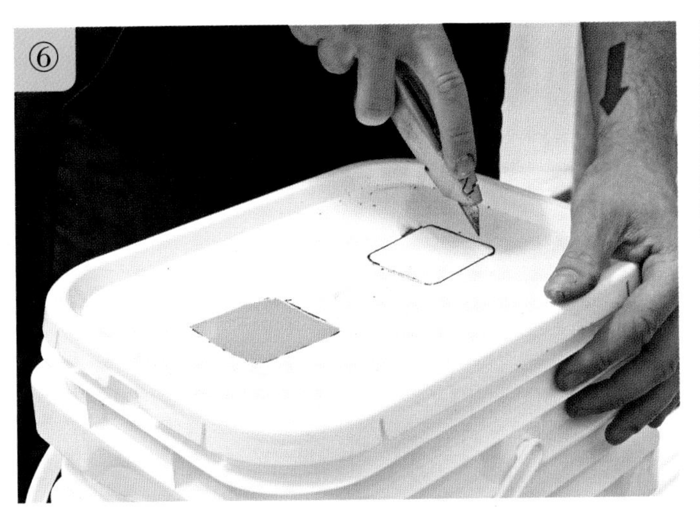

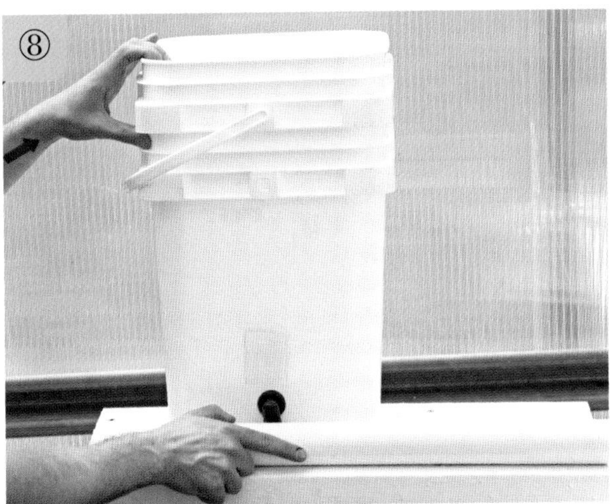

⑫
DEWALT

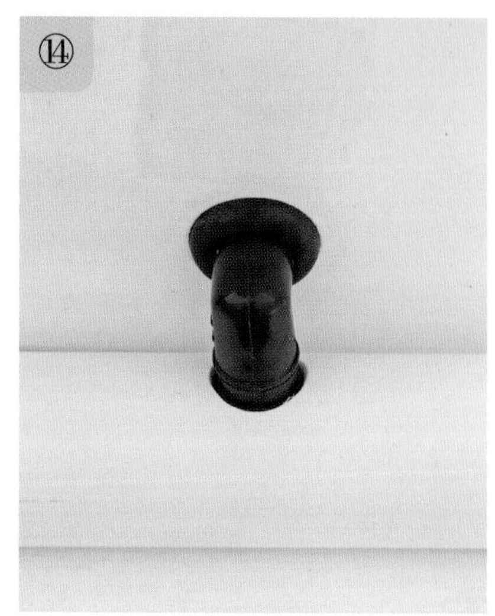
⑭

⑮

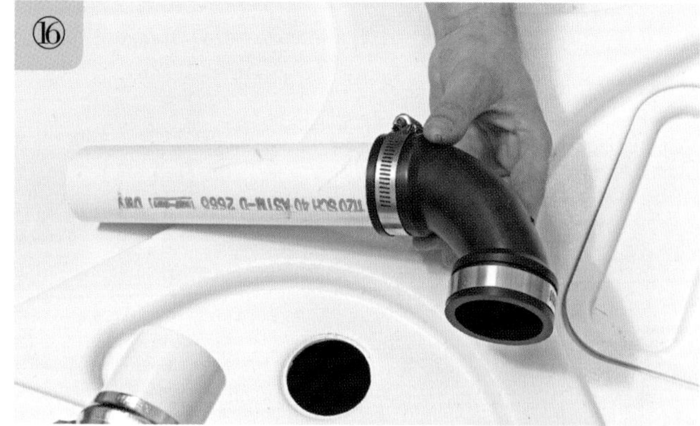
⑯

⑰

⑫ 在上述 PVC 管上打一个直径 2.5cm 的洞，用于安装排水管 6 分弯头，弯头的另一端安装在外桶上。

⑬ 使用去毛刺工具对孔的边缘进行打磨。去毛刺工具也可将孔进行扩大。

⑭ 将 6 分弯头与外侧的桶和 65cm 长的 PVC 管连在一起。

⑮ 在贮液池的盖子上打一个直径 5cm 的孔，用来安装 25cm 长的 PVC 排水管（内径 4cm）。选择适宜的打孔位置，以减小橡胶弯头的弯曲度。

⑯ 用橡胶弯头将这两根 PVC 管（25cm 长和 65cm 长）连接在一起。

⑰ 之后，如图 ⑰ 所示，在贮液池的盖子上再打一个直径 2.5cm 的孔，用于安装 6 分黑色乙烯基软管。

⑱ 将该软管的一端与贮液池中的潜水泵相连。

⑲ 该软管的另一端沿着框架桌面边缘进行铺设。用 6 分两孔管卡将其固定。

⑳ 软管末端预留出一段软管，长约 15cm。

㉑ 将余出的软管对折，用自锁式扎带将折叠部分扎紧。在后续使用过程中，如果要冲洗灌溉管或扩建灌溉系统，可以将扎带去掉。

㉒ 在这根乙烯基软管上打一个小孔，用于安装 6mm 倒钩连接器。可以用灌溉线打孔机或螺丝钉来打孔。先打一个较小的孔，再逐步扩大，以防一下把孔打得太大。如果孔径过大，就要更换整条 6 分乙烯基软管。之后，将倒钩连接器插入到小孔中，照此方法再安装第二个倒钩连接器。这与营养液膜栽培系统的设计是相似的，可以参考“3.5 营养液膜栽培系统”。

㉓ 将冲洗干净的陶粒装入栽培桶中。

㉔ 移开贮液池，向栽培桶中浇水，冲洗栽培系统中的塑料屑以及基质中残留的杂质。

㉕ 冲洗完毕后，把贮液池放回原位，注入一些水。

㉖ 取两段长 60cm、内径 6mm 的黑色乙烯基软管，分别连接到 6 分黑色乙烯基软管上的倒钩连接器上。

㉗ 打开水泵检查灌溉系统。检查该 6 分软管是否漏水。如果发现倒钩连接器处漏水，就需要更换整个 6 分软管。如果漏水处在 6 分软管的末端，只需将扎带系紧，或是更换扎带就可以了。

㉘ 在滴灌设计中，可以使用球阀（关闭阀）和滴箭。虽然这不是必需的，但是在实际中很有帮助。如果一个泵同时为多个栽培桶供水，球阀可以保证每个桶的供水量相等，防止距离对供水量的影响。

㉙ 给贮液池注满水，并加入肥料，调节 pH。将出水口计时器连接到泵上，灌溉的循环是：运行 15min，停止 30min，24h 执行此循环。这个灌溉循环是根据笔者所在地区炎热、强光照的环境而定的。如果在室内或较冷环境中，最好增加两次灌溉间的间隔时间。具体的间隔时长需要根据当地环境而定，本系统以陶粒为栽培基质，这种基质排水迅速，不会因为栽培桶中大量积水而影响植物生长。

定植后，打开水泵，检查每棵苗的供水情况。如果有的苗浇不到水，可以调整 6mm 软管和滴箭的位置，以保证每棵苗的供水。

对于大型、攀援类植物（如黄瓜）来说，辅助网是非常实用的，它可以引导植株垂直生长，便于管理，节约空间。

3.7 床式栽培系统

趣味横生的水培菜园，给你提供想象的空间。

栽培床是一个相对简单的水培设备。贮液池一般位于栽培床下方，为栽培床供应水肥。该设计与下一节提到的潮汐式栽培系统非常相似，主要的差别在于如何盛放基质：栽培床系统将基质直接放入栽培槽中，而潮汐式灌溉系统需要先将基质装到盆里，再放入栽培槽。

（1）优点

- 可用于栽培多种作物
- 可用作鱼菜共生系统，为有益菌的生长提供充足的空间

（2）不足

- 对基质的选择有一定的要求，质地较细的基质不适用于该系统
- 设备难以清洗

适合场所：室内、室外或温室

尺寸：大小均可

生长基质：陶粒

是否需要供电：需要

作物：绿叶菜、香草（香草是香料植物的统称，包括薰衣草、迷迭香、百里香、薄荷等。——译者注）、草莓以及其他低矮的作物。

3.7.1 作物选择

在栽培床中最好种植生长周期较长的植物，因为每次作物拉秧时，难免会在基质中留下一些根系。如果种植生长周期较短的作物，比如生菜这样的速生蔬菜，基质中很快就会积累大量残留的根系。种植香草是个不错的选择，香草的再生能力强，可以在不拔除植株和不破坏根系的情况下采收多次。本书所述建造的栽培床，因栽培床较小，并不适合种植番茄、黄瓜等开花结果的植物。当然，也可以设计大栽培床，一些大型鱼菜共生系统中的栽培床就可以种植果菜类作物。

鱼菜共生系统

栽培床可以用作鱼菜共生系统，这是一种非常时髦的栽培方式。栽培床可以对鱼的排泄物进行物理和生物过滤。栽培床中粗糙的基质为有益微生物的生长提供了充足的空间，这些微生物可以将鱼的排泄物分解转变成植物可利用的养分。同时，栽培床可以截获固态的鱼类排泄物，有助于保持鱼缸的清洁。

在种植的前几茬，栽培床通常运行良好，但随着种植茬数的增多，就需要对栽培床进行清理。残留在基质中的根系开始降解，有机质在栽培床中逐渐积累。尽管栽培床可以将一些有机质降解成养分供给植物生长，但是有机质的大量积累会超过栽培床自身的清洁能力。随着栽培茬数的增多，需要移出栽培床中的基质，好好清理一下。栽培床中的基质，经过消毒、冲洗等处理后，一般都可以重复使用。

3.7.2　摆放场所

栽培床可以在多种环境下使用。本书建造的栽培床推荐放于室内。尽管置于室外或温室中也未尝不可，但如果置于室外，有一些问题需要注意：下雨时，贮液池可能会灌入雨水，导致营养液被稀释。如果发生这种情况，需要及时加入化肥来调整营养液的浓度，将 EC 值维持在合适的范围内。

3.7.3　基质选择

陶粒、鹅卵石、火山岩、砾石等都可以在栽培床中作基质。栽培床基质的选择应遵守以下两个标准：颗粒大，pH 值中性（避免使用石灰岩）。在使用之前，需对基质进行冲洗。大块粗糙的椰糠（椰壳块）也可以作为栽培基质，但是要注意椰糠的储水能力要强于一般基质，使用时，需要降低灌溉频率。此外，椰糠会与根系缠在一起，造成基质中残留较多根系，从而增加基质清洗频率。而且椰糠自身也会降解，在使用一段时间之后，就需要重新更换椰糠了。

3.7.4　灌溉方法

传统的灌溉方法需要安装供水和排水装置，这两个装置都安装在栽培床的底部。供水装置与栽培床的底部是齐平或近乎齐平的；而排水装置安装的位置较高，略低于栽培床的上表面。在一个灌溉循环，营养液通过供水装置泵入栽培床，之后再通过排水装置流回贮液池，排水装置有效地避免栽培床出现积水。当循环结束，栽培床中的营养液通过供水装置流回贮液池。还有其他一些较为时髦的灌溉方法，包括贝尔（Bell）虹吸式和 U 形虹吸式。但是对于初学者来说，笔者还是建议使用传统的供水、排水装置。

3.7.5 如何建造漂亮的基质栽培床菜园

工具

钻孔器

6～36mm10 阶阶梯钻

去毛刺工具

重型剪刀

灌溉线打孔机（可选）

安全设备

工作手套

护目镜

材料

贮液池和栽培床

35cm 长 ×28cm 宽 ×8cm 高的塑料箱（用作栽培床） 1 个

38cm 长 ×27cm 宽 ×23cm 高的塑料箱（约 15L，用作贮液池） 1 个

透明胶带

黑色喷漆

灌溉系统

给水 / 排水配件组合　1 套

内径 6 分给水 / 排水配件（带滤网）

内径 4 分给水 / 排水配件（带滤网）

35cm 长、内径 4 分黑色乙烯基软管　1 根

160GPH 的潜水泵　1 个

计时器　1 个

栽培基质

陶粒　10L

水车（可选）

内径 6mm 倒钩连接器　1 个

内径 6mm 黑色乙烯基软管　90cm

水车　1 个

内径 6mm 阻流阀　1 个

自锁式扎带　1 个

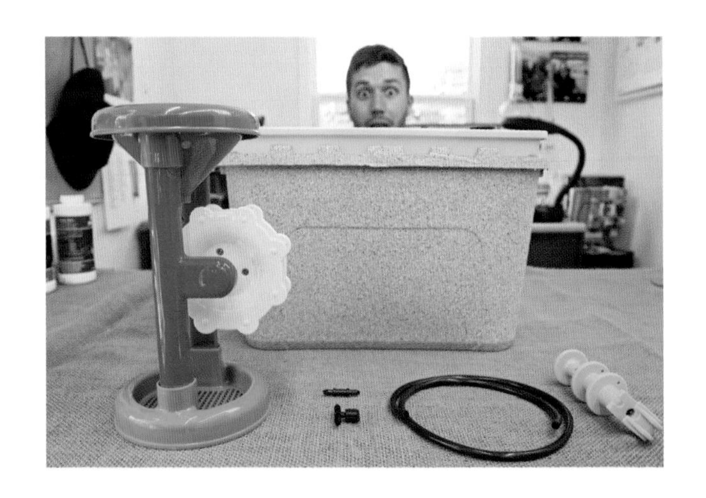

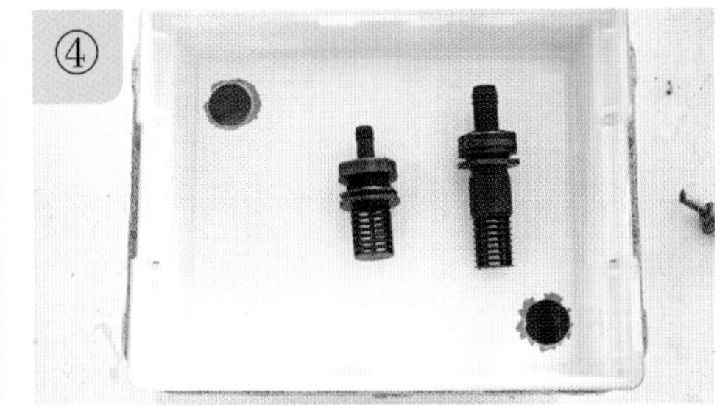

3.7.5.1 准备贮液池和栽培床

选择相互匹配的栽培床和贮液池是至关重要的。栽培床和贮液池可以叠放在一起。栽培床的长边略窄于贮液池，以保证栽培床的底部可以放到贮液池中；而栽培床的宽边略宽于贮液池，保证栽培床悬在贮液池上，而不完全掉进去。

① 喷漆前，在贮液池的一个外壁上粘一条胶带，从顶端垂直粘到底部。在喷漆之后把胶带揭去，以便日后观察水位。

② 对贮液池和栽培床的外壁进行喷漆。贮液池应完全避光，光照会导致藻类生长。可以喷两遍漆，以保证贮液池不透光。

③ 待油漆完全晾干后，将胶带揭去，以便日后观察贮液池的水位。

④ 戴上工作手套和护目镜，在栽培床的一个对角上打两个直径 3.5cm 的孔，分别用于安装供水和排水装置的连接管。

⑤ 用去毛刺工具对孔进行打磨。

3.7.5.2 安装灌溉系统

⑥ 连接供水和排水装置到栽培床上。在排水管上安装一个内径 6 分的连接管，在连接管上安装一个立管。

⑦ 根据供水连接管到水泵的距离，切取一段 4 分黑色乙烯基软管，水泵位于贮液池底部。软管最好比实际距离长一点。

⑧ 将该软管的一端与供水装置连接管相连，另一端与潜水泵连接。

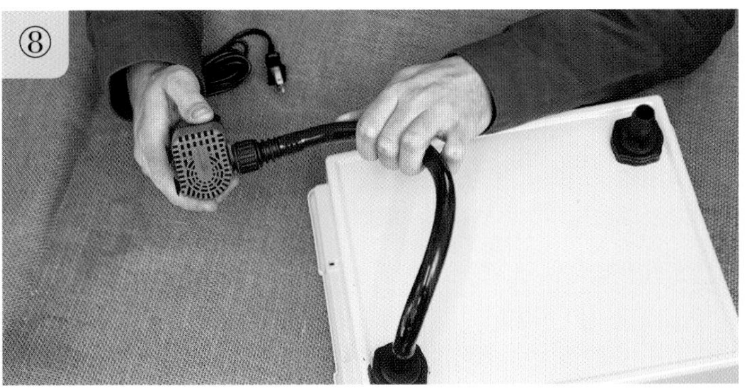

⑩

⑫

⑨ 将贮液池注满水。

⑩ 将潜水泵放到贮液池底部，之后将栽培床叠放在贮液池上方。

⑪ 打开水泵，测试灌溉系统。检查排水装置是否正常工作，栽培床的排水是否良好。

⑫ 向栽培床中填入冲洗干净的陶粒。基质的高度应高于排水口，以保证在灌溉时，水不会没过栽培床的表面。这种栽培床比笔者预想的要浅，所以笔者把排水管上的立管去掉了，这样排水口可以被陶粒完全覆盖。

⑬ 向贮液池中放入肥料，在栽培床上种上植物，整个栽培床系统就可以正常运行了。

通过下面的步骤，我们能够增加系统的观赏价值；当然，没有它们，系统也能正常运行。

提示

陶粒可以重复使用。在植株收获后及时清除基质中残留的根系，定期对基质进行消毒。可以选用温和的漂白剂，双氧水，异丙醇 或者热水进行消毒。推荐使用煮沸的方法进行消毒，减少使用化学试剂，安全环保。

3.7.5.3 安装水车（可选）

可以用乐高积木或其他小玩具来装饰菜园。如果想在菜园中安一个水车，需要从主灌溉管道上引出一条给水车供水的水管。下面详细描述水车的安装方法。

⑭ 用灌溉线打孔机在 4 分乙烯基软管上打一个小孔。

⑮ 将直径 6mm 倒钩连接器插入这个小孔中。

⑯ 将直径 6mm 黑色乙烯基软管连接到倒钩连接器上。

⑰ 如图 ⑰ 所示，用钻头在水车的漏斗上钻一个直径 6mm 的孔。

⑱ 移动陶粒基质，将水车的底座固定在栽培床的底面，可以把水车摆放到栽培床的中间。

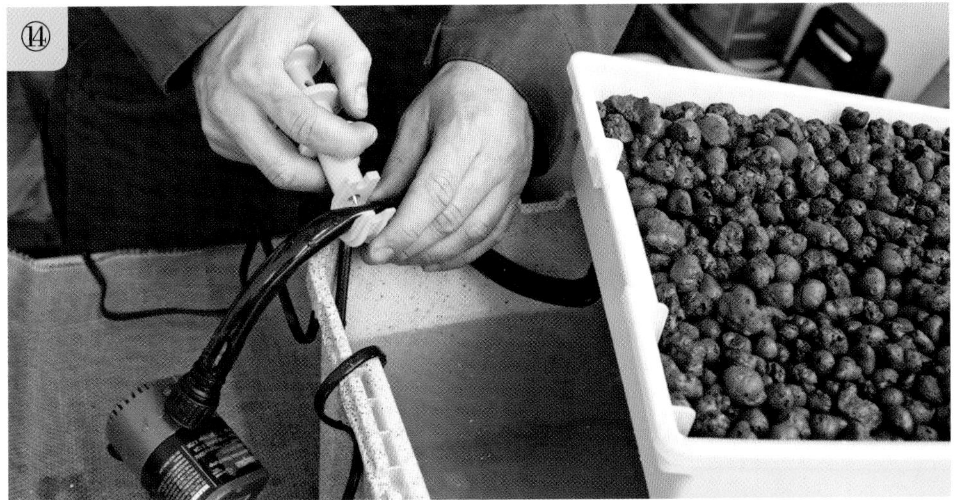

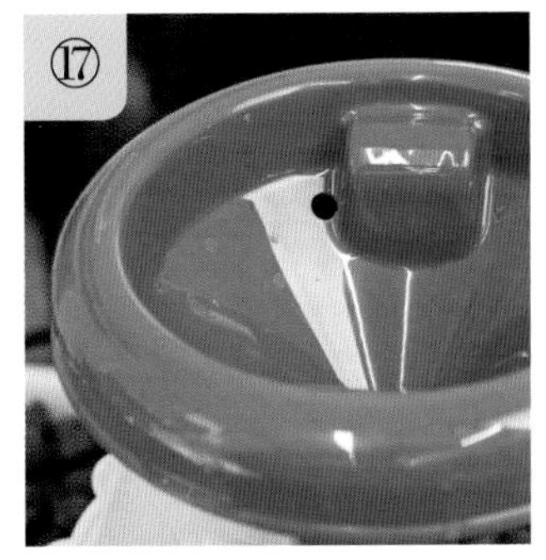

⑲ 在直径 6mm 黑色乙烯基软管上安装阻流阀。

⑳ 用自锁式扎带将该软管固定在水车的腿上。

㉑ 再取一小段直径 6mm 乙烯基软管连接到阻流阀上，将这部分软管从水车漏斗上的孔中穿过，如图㉑ 所示，剪掉多余部分。

㉒ 打开水泵，调节阻流阀直到水车转动，并检查整个灌溉系统是否正常工作。确保水泵的进水口处于全开状态，以获得最大流量。

上图：该菜园适宜种植能够进行多次收获的植物，如瑞士彩虹甜菜、旱金莲、莳萝、山萝卜、马齿苋和泰国罗勒等。60cm长4管的T5生长灯可以为这个小菜园补光。

左图：可用玩具对菜园稍作装饰，让它具有童话气息。

适合场所：室内、室外或温室

尺寸：大小均可

生长基质：珍珠岩、陶粒、岩棉和椰糠

是否需要供电：需要

作物：根据花盆的尺寸而定

3.8 潮汐式栽培系统

潮汐式灌溉，因其灌溉方法与海水的涨潮落潮相似，所以将这种灌溉方式称为潮汐式灌溉。营养液从栽培基质的底部进入，依靠基质的毛细管作用，将水和营养供给植物，再将营养液排出。本栽培系统以这种灌溉方法而命名。潮汐式灌溉栽培系统与“3.7 床式栽培系统”所讲的栽培床系统有很多相似之处，主要的不同在于潮汐式灌溉是将水培基质或岩棉块先放入栽培盆中，再将盆放入栽培床中，而不是直接将基质放入栽培床。

3.8.1 作物选择

本节所讲的潮汐式灌溉栽培系统稍作改良便可满足不同作物的栽培需求，从芽苗菜到开花结果的大型作物，都可以在该系统中种植。根据栽培作物的不同，调整灌溉频率、花盆大小、基质种类和注水高度（排水高度）。

3.8.2 摆放场所

可以在多种环境下使用。如果在室外使用，需要注意雨水会对营养液造成稀释，这个问题在其他栽培系统中也提到过。

潮汐式灌溉在垂直栽培中较为常见。在架子上可以摆放多层栽培床，将贮液池置于架子底部。

3.8.3　改造方法

只需对该系统稍作改造便可满足不同的栽培需求，以下简要介绍几种常用的改造方法。

（1）更换盆的大小　大一点的盆适宜种植开花结果的大型作物；小一点的盆适宜种植叶菜类和香草，便于管理。

（2）更换盆的材质　塑料盆有很多优点，但却存在一个问题，在灌溉过程中一些基质会从盆底的排水孔流出，这些流出的基质极易堵塞排水管道。无纺布栽培袋是个很好的选择，在灌溉过程中基本可以避免基质流入栽培床，而且这种无纺布袋在灌水时有助于水分快速到达根系，排水也更迅速。潮汐式灌溉基本不破坏基质的物理性质，保证了根系在生长过程中对水分和氧气的需求，避免浇水过量造成的影响。

椰丝毯可以将潮汐式灌溉和栽培床这两个系统结合在一起。椰丝毯允许植株根系在整个栽培床中生长，同时植株又生长在各自的盆中。椰丝毯可以保持栽培床表面清洁，减少藻类滋生。不过，也相应地增加了成本。

（3）更换不同类型的基质　陶粒有很多优点，既可避免水淹又可重复利用；椰糠也是个不错的选择，它持水性好，可以减少灌溉频率。其他常见的基质，像珍珠岩、草炭和岩棉也可在该系统中使用。在选择基质时需要注意一点：使用质地较细的基质，像椰糠、草炭和小粒的珍珠岩时，推荐使用无纺布袋，以免基质从盆底的排水孔流出，造成排水系统堵塞。

（4）调整栽培床的尺寸　预制的栽培床有多种尺寸可供选择，宽 30 ～ 120cm，长 60 ～ 360cm。DIY 栽培床可大可小，可以依据个人喜好和需要而定。栽培床的材质可以选用水泥槽、塑料容器或是有塑料内衬的木质容器。无论选择何种栽培床，一定要注意一点：所选用的栽培床可以安装供水装置（与栽培床底面齐平或近乎齐平）和排水装置（高于栽培床底面，一般高度是所用盆高度的 1/3）。

3.8.4 如何制作潮汐式灌溉系统

材料和工具

贮液池和栽培床

35cm 长 ×28cm 宽 ×8cm 高的塑料箱（用作栽培床） 1 个

37cm 长 ×27cm 宽 ×23cm 高的塑料箱（15L，用作贮液池） 1 个

透明胶带

喷漆

灌溉系统

长 30cm、内径 8mm 黑色乙烯基软管 1 根

长 10cm、内径 4 分黑色乙烯基软管 1 根

40GPH 的潜水泵 1 个

出水口定时器 1 个

基质和盆 *（五选一）

15cm×15cm 的盆 2 个

12cm×12cm 的盆 4 个

7.5L 无纺布袋 1 个

7.5cm 的定植杯 5 个

格罗丹 A-OK 36/40 基质 1 块（芽苗菜用）

工具

钻孔机

6 ～ 36mm10 阶阶梯钻

热熔胶枪

重型剪刀

直径 7cm 的开孔钻

安全设备

工作手套

护目镜

* 花盆的选择较为自由，可以依据所要栽培的植物选择适宜的花盆。

3.8.4.1 准备贮液池和栽培床

选择相互匹配的栽培床和贮液池是至关重要的。栽培床和贮液池可以叠放在一起。栽培床的长边略窄于贮液池，以保证栽培床的底部可以放到贮液池中；而栽培床的宽边略宽于贮液池，保证栽培床悬在贮液池上，而不完全掉进去。

① 喷漆前，在贮液池的一个外壁粘一条胶带，从顶端垂直粘到底部。喷漆之后把胶带揭去，以便日后观察水位。

② 对栽培床的外壁、盖子和贮液池的外壁进行喷漆。贮液池应完全避光，光照容易滋生藻类。为了确保容器完全不透光，可以喷两遍漆。

③ 待油漆完全晾干后，将胶带揭去，以便日后观察贮液池的水位。

③

④ 戴上工作手套和护目镜，在栽培床上分别钻一个直径 16mm 的孔和一个直径 10mm 的孔（这两个孔是分别用来安装供水管和排水管的，孔的位置可以依据实际情况而定）。

3.8.4.2 安装灌溉系统

⑤ 将 30cm 长、内径 8mm 黑色乙烯基软管的一端从栽培床 10mm 的孔穿过。刚刚穿过即可，使管口与栽培床的底面尽量齐平。用热熔胶枪对软管进行固定。

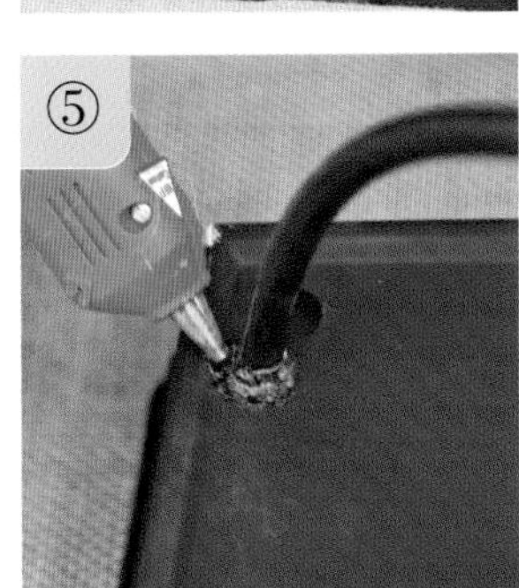

⑤

⑥ 将 10cm 长、内径 4 分软管的一端从栽培床 16mm 的孔穿过，暂时先不要把管子固定，管子在栽培床中的高度还要根据基质和盆的选择而进行调整。

⑦ 将内径 8mm 管的另一端与潜水泵相连。

⑧ 向贮液池中注满水。

⑨ 将潜水泵放到贮液池底部，之后将栽培床叠放在贮液池上方。

⑩ 打开水泵。水由内径 8mm 管流入栽培床，由 4 分管流出。

⑪ 关闭水泵，栽培床中的水由进水管（8mm 管）经过水泵流回贮液池。

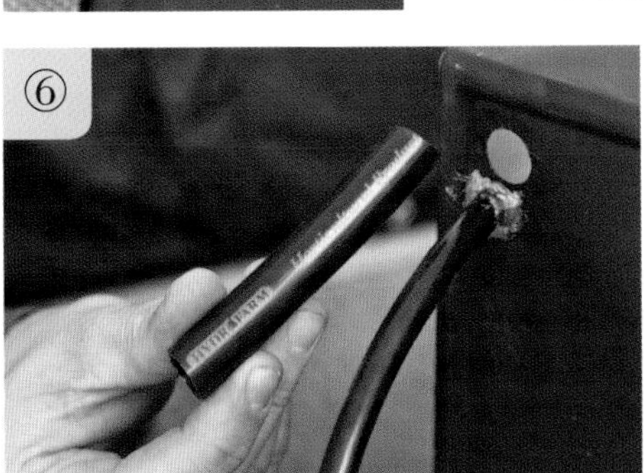

⑥

⑩

⑪

3.8.4.3 芽苗菜的种植和收获

⑫ 用营养液冲洗岩棉。

⑬ 根据栽培床的大小对岩棉板进行裁剪。

⑭ 播种密度可以参考附录中的芽苗菜种植表。在购买种子时，种子商家或包装袋上也会建议播种密度。

⑮ 在播种后的 3 ～ 5 天内，每天对种子喷洒两次水雾，有助于种子萌发。

⑯ 大多数芽苗菜在播种后 10 ～ 15 天就可以收获。而有些种类的芽苗菜长得比较慢，需要 3 ～ 4 周才可以收获。

⑰ 有一些种类的芽苗菜可以多次采收。采收时，仅采收上面的新叶，保留下面的老叶，过几天又会有新叶长出。

3.8.4.4 栽培容器的选择

选择 1：使用 2 个 15cm × 15cm 的盆。对于本书中的栽培床来说，这种盆有点高，灌溉时，水的高度应该达到盆的 1/3 处。如果选用较高的花盆，在定植后的前几周，使用潮汐式灌溉的同时，也需要从盆的上边浇水。等到根系扎深了，就可以完全使用潮汐式灌溉了。

选择 2：使用 4 个 12cm × 12cm 的盆。这个选择比较适合该系统。

选择 3：可以使用 7.5L 的无纺布栽培袋。编织袋可以有效防止颗粒较小的基质（像草炭、珍珠岩和椰糠等）流入贮液池而造成灌溉系统的堵塞。

选择 4：放 5 个 7.5cm 的定植杯。在栽培池的盖子上钻 5 个直径 7cm 的孔，将定植杯放入孔中，栽培池的盖子可以减少藻类滋生。这样的设备适宜种植香草和叶菜，也可以种植一些芽苗菜。

3.9 气雾栽培系统

在气雾栽培系统中，植株的根系悬浮于空气中，而非水中。利用喷雾装置将营养液雾化为小雾滴，直接喷洒到植物根系以提供植物生长所需的水分和养分。

气雾栽培是一种新型的栽培方式，它可以加快植物的生长速度，提高作物的产量，同时也能节约大量的水资源。根据压力的不同，可将气雾栽培系统分为两类：高压气雾栽培系统和低压气雾栽培系统。

（1）高压气雾栽培系统　当提到气雾栽培时，大多数人想到的都是高压气雾栽培系统。本书也主要描述了该系统的建造方法。在主要的灌溉管道（通常是PVC管）中接入水泵和喷雾设备。由于水泵在灌溉管中产生的压力，将营养液雾化成小雾滴。高压气雾栽培系统常应用于扦插生根和无性繁殖中，细小的营养液气雾为新根的生长提供良好的环境。

（2）低压气雾栽培系统　在该系统中不使用喷雾设备，“气雾”一般是由营养液通过小孔时产生，或是营养液在植物根部附近产生的飞溅。低压气雾栽培系统中可移动的零件很少，一般不易堵塞。

适合场所：室内、室外或温室

尺寸：大小均可

生长基质：珍珠岩或陶粒

是否需要供电：需要

作物：绿叶菜、香草、草莓以及其他较矮的作物

3.9.1 作物选择

气雾栽培系统几乎可用来种植所有的作物。笔者曾见到有人用气雾栽培种植木瓜！由此来看，使用气雾栽培系统种植绿叶菜和香草就是小菜一碟的事了，当然不要仅限于此。如果种植大型开花结果植物，一定要考虑如何为植物提供支撑。盆栽植物的根系固定在基质中，在一定程度上为自身提供了支撑。但如果没有基质的固定，头重脚轻的植株将会倾斜甚至从栽培槽中掉出来。此时就需要为植株

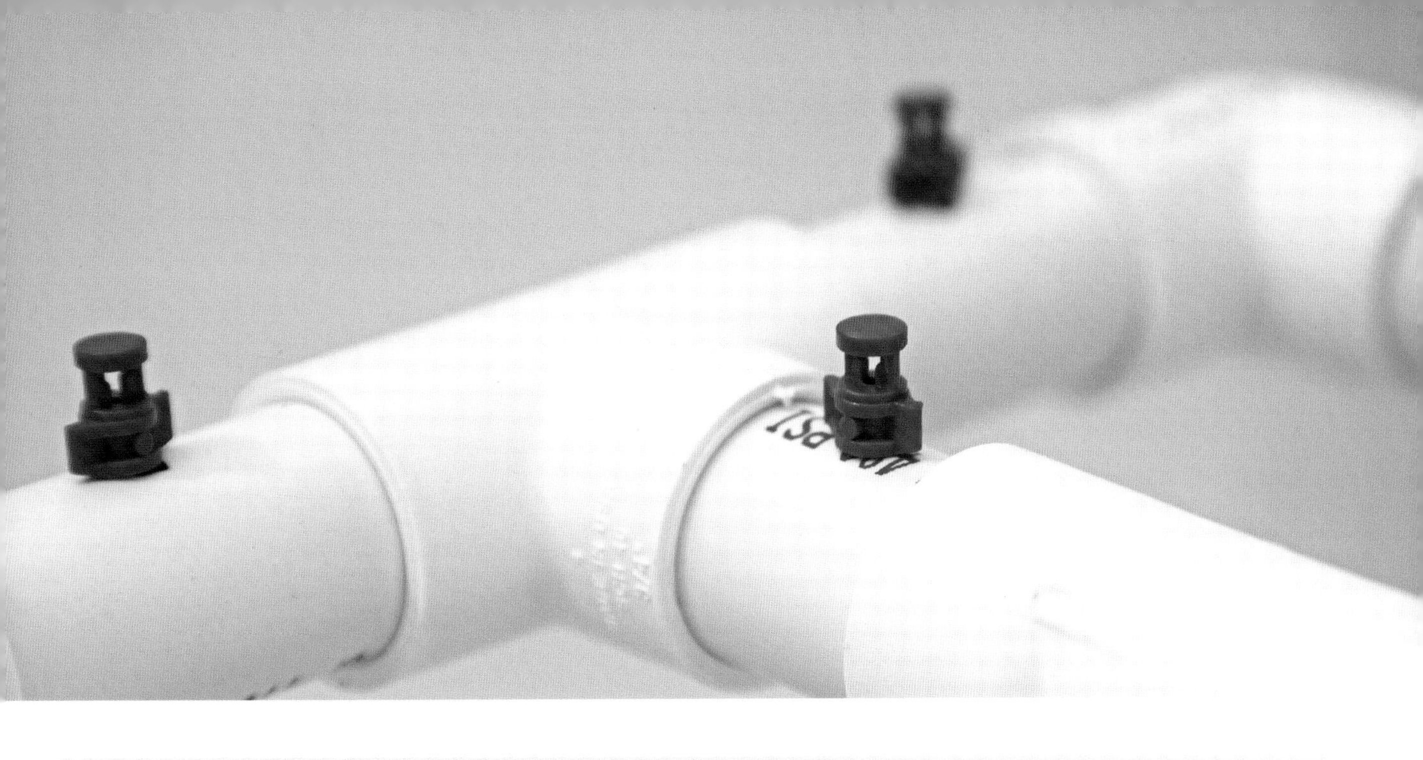

注意

很多第一次接触水培的新手都想尝试气雾栽培，它看起来高端时尚，而且产量高，植株生长快，但是在它光鲜的表面下也潜藏着很多风险。气雾栽培对操作者和设备的要求是严苛的，任何失误都可能造成不可挽回的损失。气雾栽培植株的根系是悬在空气中的，如果水分供应不及时，根系就会变干，用不了多久就会对根系造成不可逆的损伤。多种原因都可能造成水分供应的中断，比如水泵故障、灌溉管堵塞、喷头堵塞以及停电。虽然其他水培方式也存在同样的问题，但是气雾栽培对此尤为敏感，因为悬于气雾中的根系缺乏基质的保护，更易受到损伤。如果种植者是第一次接触水培，不建议立即尝试气雾栽培。尽管有一些气雾栽培装置对新手来说上手较快，比如低压雾培塔，但是这些设备也很昂贵。新手可以先从既经济又耐用的水培菜园入手，比如先建造一个小型的浮板菜园，之后再逐步挑战更难更先进的水培技术，比如气雾栽培系统。

提供其他支撑，比如使用水平或垂直的架子，这样才可以有效地防止上述情况发生。另外，还有一点也需要注意，种植生长周期较长的植物很可能会遭遇突如其来的停电和设备故障，这些故障会在短时间内对根系造成严重损伤，悉心照顾数月的植株也会因此死亡。

3.9.2 摆放场所

气雾栽培系统可以安装在任何位置。气雾栽培装置可大可小，小到可以放到厨房的操作台上，大到 4m 多高的巨大垂直塔。DIY 的气雾栽培系统可能存在漏水的问题，在正式投入使用之前，需对整个系统进行测试。

3.9.3 如何制作高压雾培系统

材料和工具

整体框架

60cm 长 ×40cm 宽 ×30cm 高的带盖塑料贮液池 1个

口径 5cm 定植杯 18个

灌溉用具

1.8m 长、内径6分 PVC 管 1根

内径 6 分 PVC 弯头 4个

内径 6 分 PVC 三通 3个

1.5m^3/h 潜水泵 1个

PVC 胶

360° 喷头 10个（流速0.12m^3/h，压力 140kPa）

定时器 1个

工具

记号笔

钻孔机

直径 5cm 开孔器钻头

去毛刺工具

直径 4.3mm 钻头

6 ~ 36mm 10 阶钛阶梯钻

PVC 管切割刀（或钢锯）

喷漆（用于透明容器）

安全器具

工作手套

护目镜

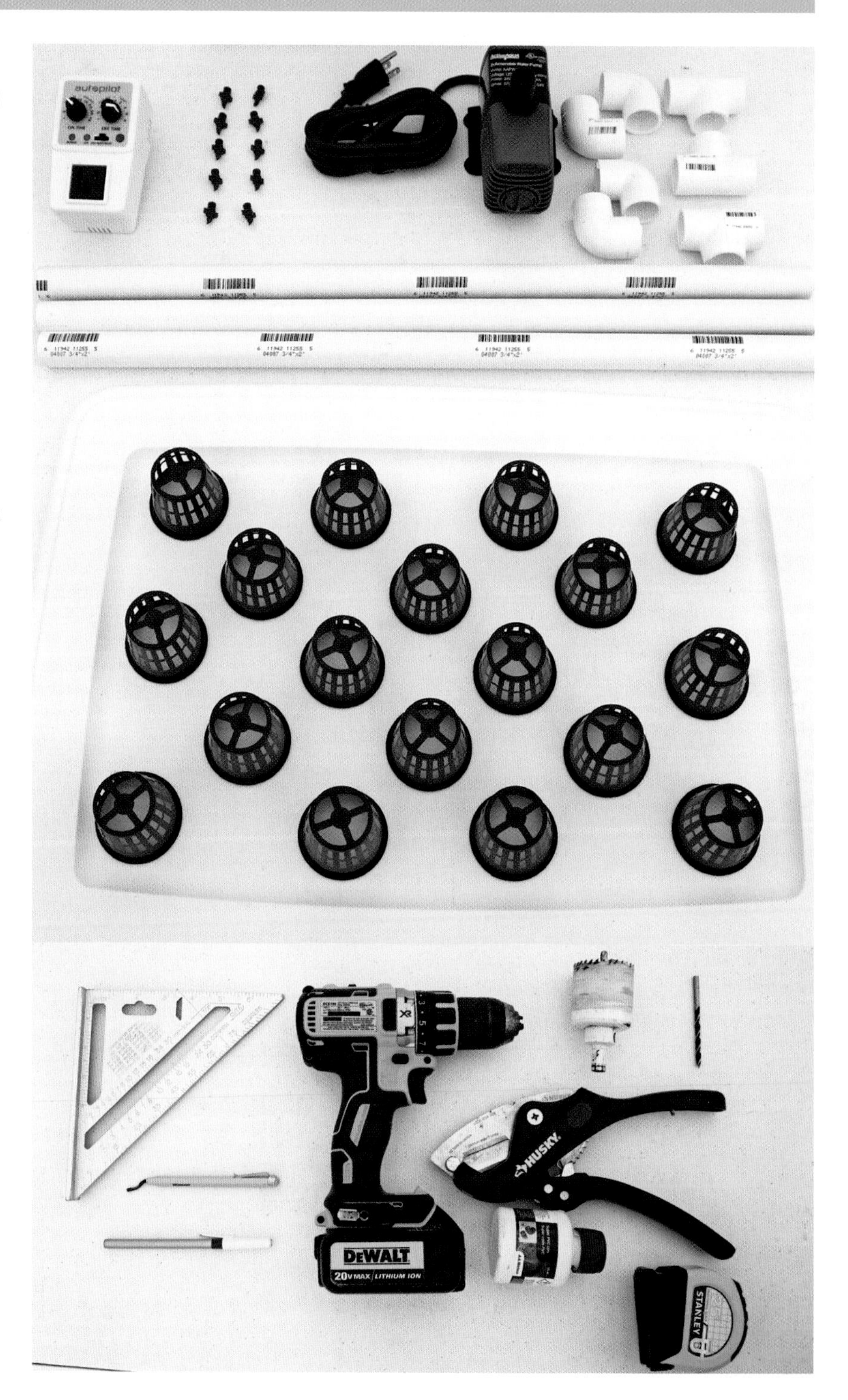

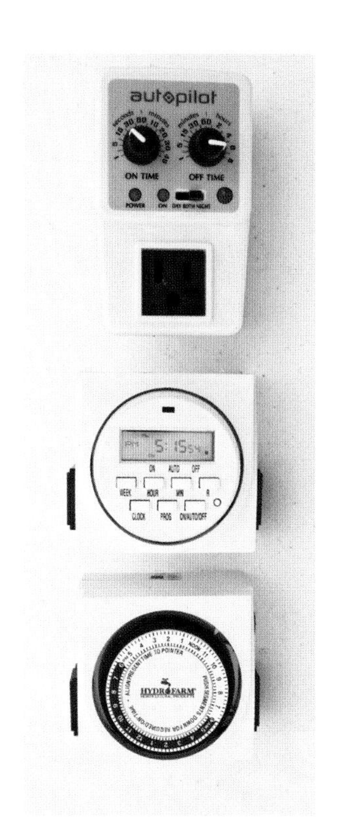

定时器的类型多种多样。对雾培系统而言，定时器需要在很短的时间内反复运行，甚至是几秒之内。当然，运行时间间隔为 15min 的定时器也基本可以满足日常使用需求。

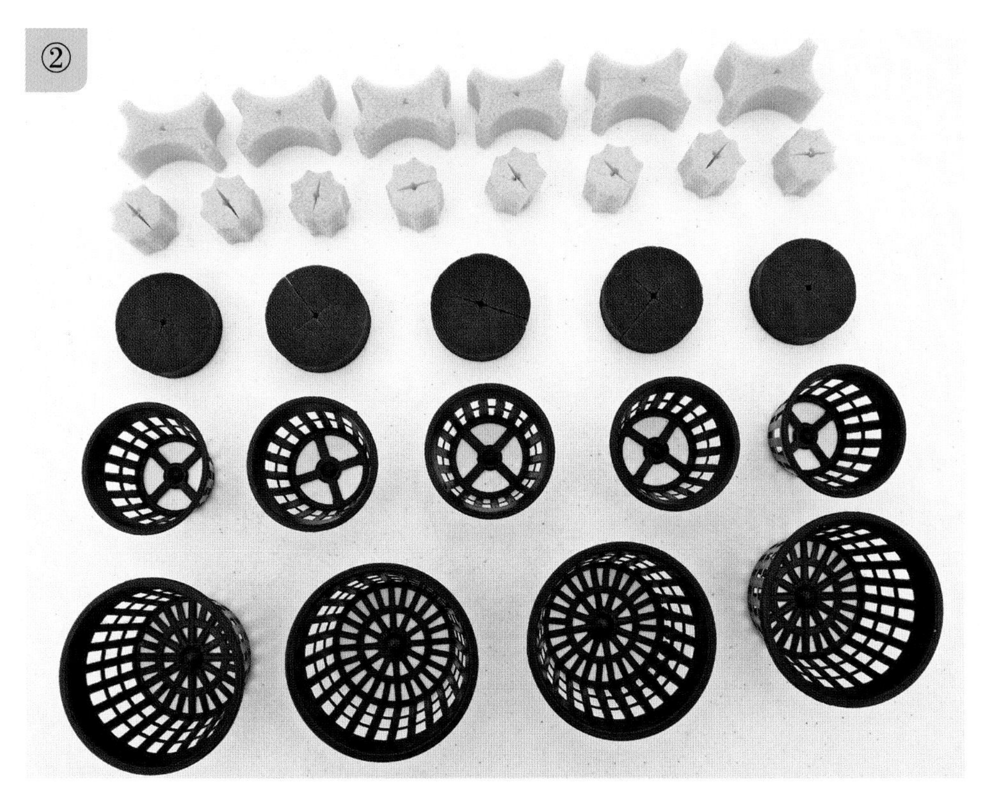

3.9.3.1 准备贮液池和盖板

首先，我们需要准备一个密封性好的容器作为贮液池，容器上的盖板作为栽培床。因为喷雾系统运行时的营养液喷射量较大，所以一定要盖紧盖板，防止漏水，因此 20L 的塑料水箱将是一个不错的选择。

① 如果使用透明容器则需要进行喷漆处理，这样可以确保阳光不会直射营养液，从而避免营养液中滋生藻类，影响植物根系的生长。

② 贮液池盖板的规格可以经过适当调整来匹配各种大小的定植杯或各种形状海绵的插入，口径 5cm 或 7.5cm 的定植杯一般可以满足多种香草或绿叶蔬菜的种植需求。

③ 在雾培系统中，定植杯的间距可以灵活设置，通常采用的间距为 6.5cm。如果种植香草、沙拉蔬菜以及小型罗马生菜，定植杯的间距一般为 7.5cm；如果要种植叶片完全展开的生菜，定植杯的间距则应设置为 15cm。在贮液池顶盖上需要标记好每个定植杯所对应的位置。

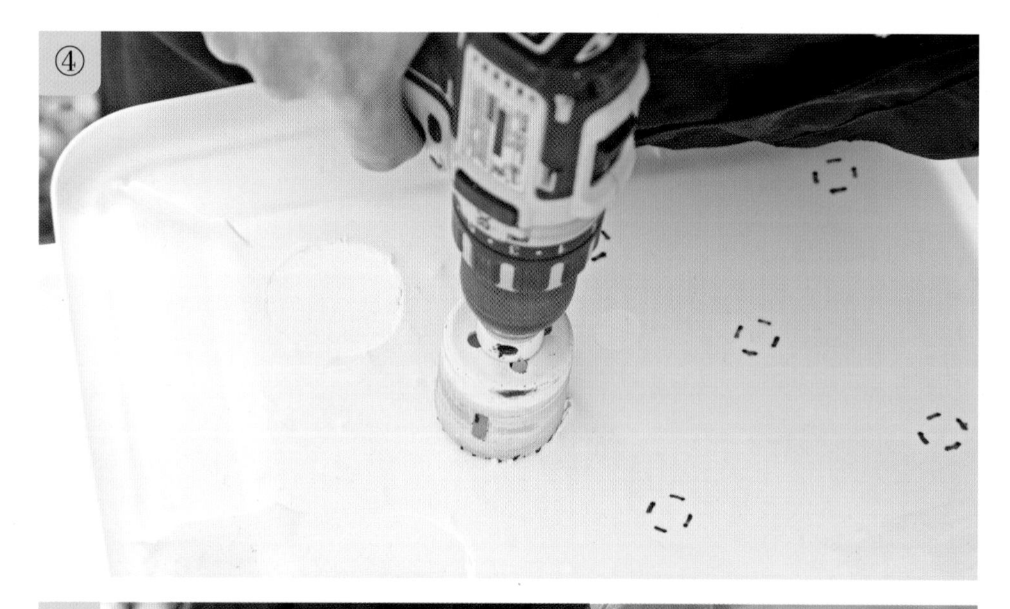

④ 戴上工作手套和护目镜，用孔径 5cm 的钻头在盖子上打孔，后续用来放置定植杯。

⑤ 用去毛刺工具打磨钻孔的边缘。

⑥ 在盖子的一侧剪一个小缝用来穿过水泵的电线，但是这个缝隙往往会引起漏水。因此还有一种办法就是在盖子上打一个孔来穿过电线，之后再用海绵将孔堵住即可。

3.9.3.2 组装灌溉系统

灌溉系统（如上图所示）可以通过调整 PVC 管件的长度和喷头的位置从而适用于各种规格的贮液池。

⑦ PVC 管件的准确长度取决于贮液池大小和使用的弯头及三通的类型。在整个灌溉系统进行测试安装之前，不要将任何组件粘在一起。只有当所有零件全部匹配合适后再用胶水把它们粘在一起。

⑧ 首先组装灌溉主管的中心部分，这个部分需要尽可能紧凑以适应贮液池的宽度，但同时又需要足够的空间用来安装雾培所用的喷头。

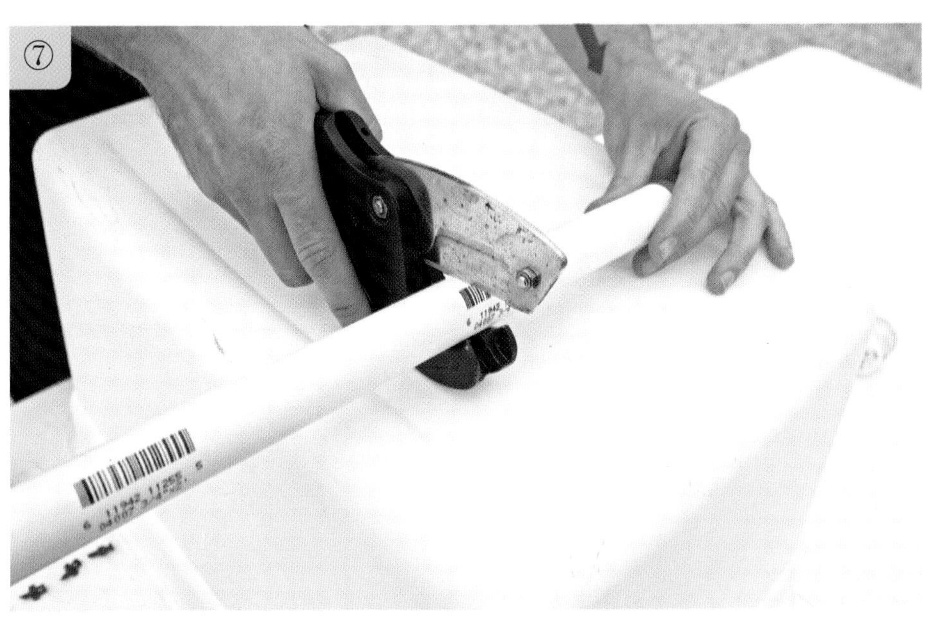

⑦

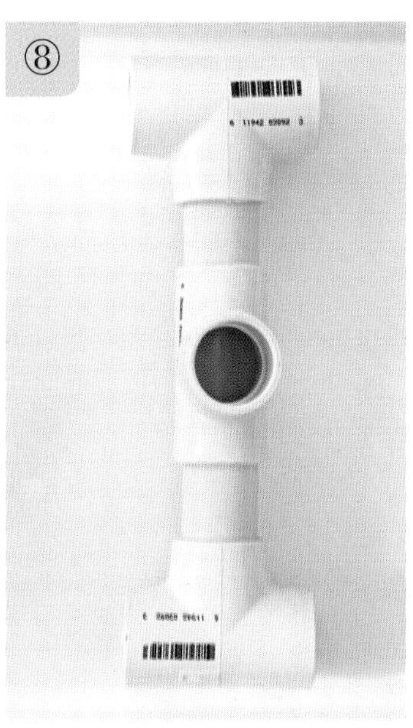

⑧

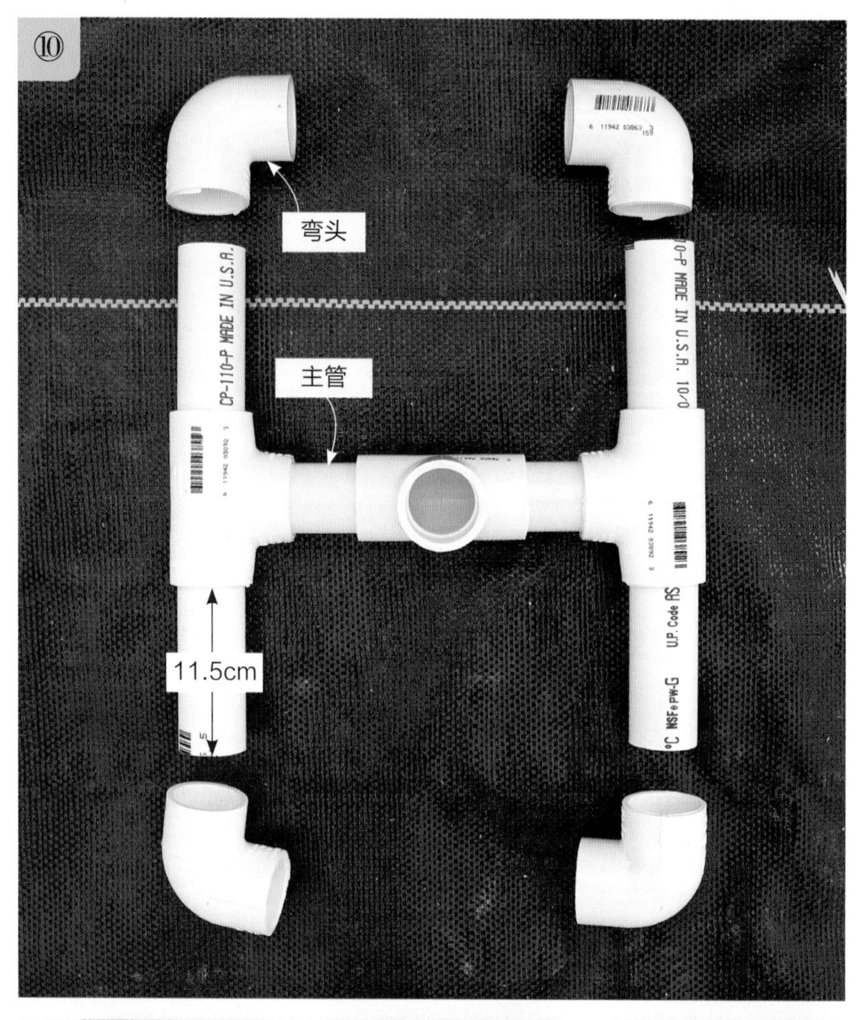

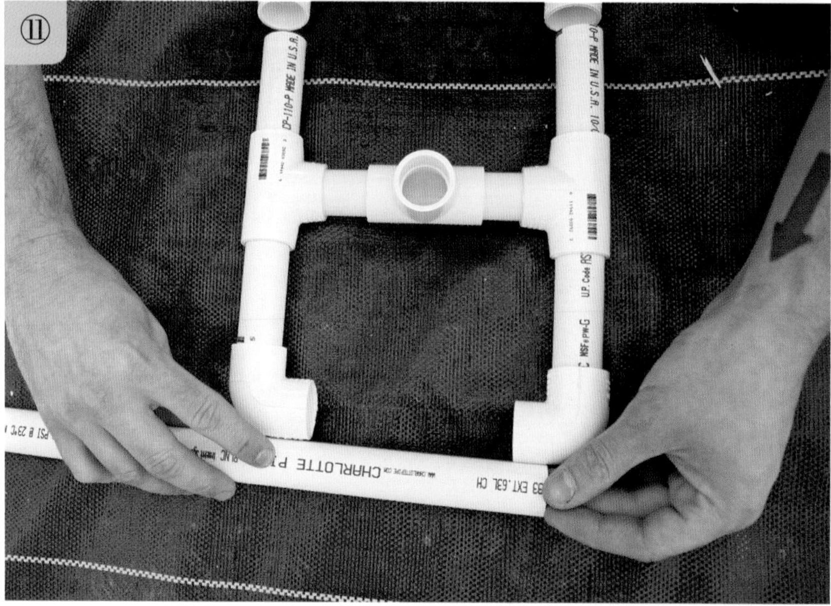

⑨ 裁剪 4 段等长的 PVC 管，并把它们与 PVC 直通管相连。此处使用的 PVC 管长度是 11.5cm。

⑩ 在管上连接 4 个弯头。

⑪ 在弯头之间放置一个 PVC 管，并在管的合适位置做好标记用来连接两个弯头。

⑫ 连接灌溉主管和水泵之间的 PVC 管长度取决于贮液池的高度，但同时要保证在连接水泵以后，管子顶端距离贮液池盖板 13 ～ 18cm。PVC 主管应和水泵上内径 20mm 的接口紧密贴合，否则需更换水泵的配件，或者使用 PVC 胶来加固水泵和 PVC 管的连接位置。

⑬ 标记好喷头的位置，本系统采用的水泵流速为 1.5m^3/h，每个喷头的流速为 0.12m^3/h，所以可供 12.7 个喷头满负荷使用。但为了保证管内水流具有良好的压力，在这个系统中我们仅使用 10 个喷头。另外，水泵有一个阀门可以控制流速，因此使用小于最大负荷的喷头个数可以保证喷头具有较好的流速。当然，如果喷头压力太大的话，可以通过调整泵上的阀门来减小压力。

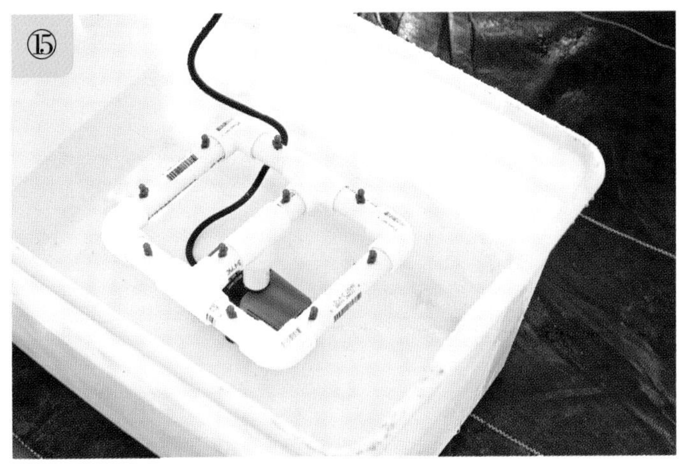

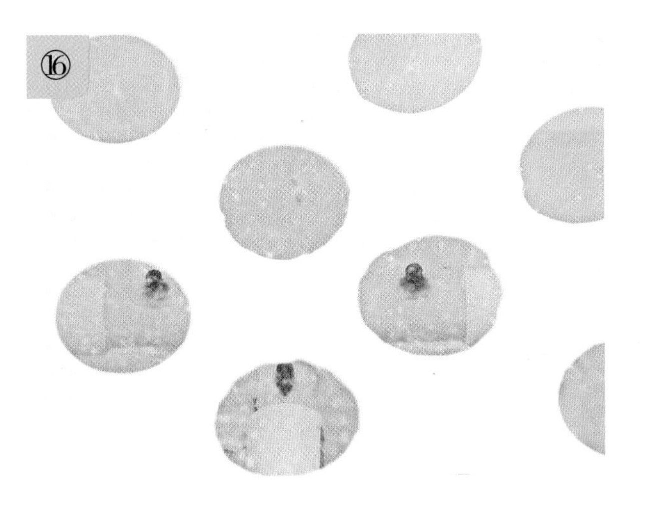

⑭ 用孔径 4.3mm 钻头在标记位置打孔，然后把 360° 喷头旋转拧到打好的孔中。

⑮ 把组装好的灌溉主管和水泵一起放到贮液池的中心位置，然后往贮液池内注水，但不要超过喷头的高度。

⑯ 盖上贮液池的盖板，插上水泵电源线，检查喷头的出水情况，保证每株植物的根系都可以正常吸收水分。

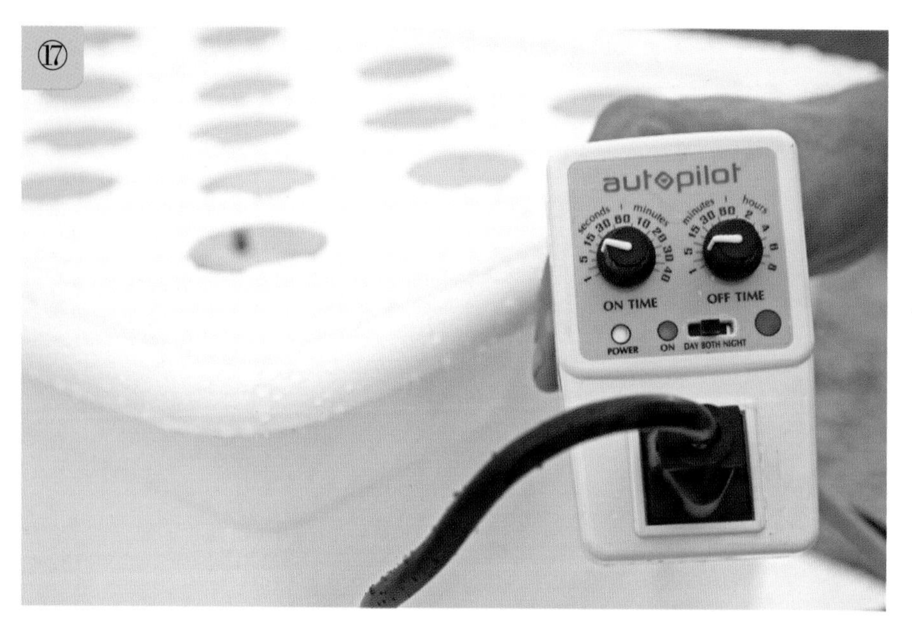

⑰ 将水泵的电源线连到一个定时器上，系统设置为每隔 5min 喷水 10s，灌溉频率取决于植物的生长时期、环境条件、定植杯的大小以及定时器的类型。一般来说，雾培系统开启 15min 然后关闭 15 ～ 45min 都是可以让系统正常运行的。

3.9.3.3 定植

⑱ 放置定植杯。

⑲ 在贮液池中加入营养液（不要使用有机的水溶肥）。

⑳ 移栽蔬菜。

3.10 垂直菜园

垂直菜园使用土壤栽培或无土栽培技术，可以做成各种形状和规格的栽培系统。对空间有限的园艺爱好者来说，垂直菜园是个不错的选择，因为这个系统可以将有限的空间最大化地利用起来。另外，垂直菜园作为生活艺术的一部分也颇受大众欢迎，越来越多的酒吧、饭店、办公室或者学校都会建造一个垂直菜园，不仅具有良好的艺术展览效果，而且可以提供食物。

但是，在选择垂直菜园的时候需要注意：首先，不是所有的作物都适合这种生产模式，植株较大的、地上部较重的作物如番茄、茄子和辣椒，因为栽培系统无法承载其重量，所以无法在垂直菜园中种植。因此，大部分垂直水培系统非常适合种植绿叶蔬菜、香草类植物和草莓等作物。

其次要考虑所选作物对光照的需求，因为垂直菜园不合理的设计或摆放常会导致光照严重不足，有时还会对垂直装置下部的作物遮阴。对下部的植物而言，在光照充足的夏天可能并不会出现生长抑制的情况，但在弱光环境下，植物的生长就很容易受到抑制。

虽然本书主要介绍水培，但水培并不是垂直菜园设计的唯一选择。接下来所展示的菜园稍作调整便可改为盆栽栽培，也可使用人工浇水。但从长远来看，在一开始建造水培系统所做的努力并不会白费，因为在之后的种植过程中种植者不需要时刻记着去给植物浇水。以下是一些常见的垂直菜园水培装置。

3.10.1 气雾栽培塔

雾培系统主要有高压和低压两种类型。对于高压雾培垂直菜园，在大尺寸的圆柱形管或方形管的中间通常有一个主灌溉管线，在这个管线上均匀分布的雾喷器或者喷头可以在管内给植物根系喷射水雾。这个系统需要较大的压力，否则很容易堵塞，因此需要使用不会产生沉淀的优质肥料。另外，种植者一定要注意防止植物的叶片和根系进入这个系统，因为一旦进入，将对喷头或者雾化器造成堵塞和巨大的破坏。

气雾栽培塔是一个圆筒形状的塔，在它的外侧均匀分布种植口。中间的灌溉管线垂直向上延伸至塔的顶端，然后再通过塔内的雾化器或喷头将水喷到植物根系所在的位置。

对于低压雾培垂直菜园，在大圆柱形管或方形管的中间同样也需要铺设主灌溉管线，但它只需要将营养液运送到菜园顶部即可，之后再通过一系列的圆盘将营养液一层一层地向下逐级输送。

因此，塔形菜园是一个非常受欢迎的低压垂直雾培系统，而且这个系统的DIY 设计是可行的，但有时直接购买一个简单的塔形系统可能更简单。

滴灌塔首先将水输送到系统顶部的水平管道中，然后水会分流到各个垂直种植塔的顶部，种植塔中的生长垫可以吸收和保持水分，从而供给植物根系生长所需。之后，多余的水流回贮液池，然后再重新循环到管的顶部。

3.10.2 滴灌塔

滴灌塔也有很多形状和规格，但基本都是由一个立柱或者是一个装满惰性基质（如珍珠岩、椰糠或者岩棉）的袋子组成的。近些年来，拉链式种植塔逐渐成为垂直滴灌塔的主流形式之一，它的主要特点是在方柱的中间使用了塑料基质（如含有氨基甲酸乙酯的塑料颗粒）和毛细管垫等材料。

潮汐生长架是相对简单的水培生长系统。金属架可以用来放置塑料盆以及固定和安装灯管。水先大量流入塑料盆对植物进行灌溉，然后再回到最低处的贮液池。

3.10.3 潮汐式生长架（详见“3.8 潮汐式栽培系统”）

在商业化农场，潮汐式生长架是一种很常见的垂直系统，第 111 页的图展示的就是由生长箱框架所改造的垂直潮汐系统。当然，种植者也可以按自己喜欢的方式进行设计，但大部分都是由金属架、潮汐床和灯管组成。在设计自己的潮汐式生长架时，需要在每层都设置一个阀门，通过调整每层的流速从而保证它们的灌水时间大致相同。

每层的高度和灯的布置也要特别注意，大部分生长架的层与层之间的高度为 45 ～ 60cm，因此照明装置建议使用 T5 荧光灯或者 LED 灯管。对于这类生长架而言，最常见的问题是光照不足和空气流动性差，幼苗徒长就是光照不足的直接表现，因为幼苗需要通过伸长来获得更多的光照，幼苗一旦发生徒长，最好还是换一批苗重新种植。空气流动有利于幼苗茁壮成长，小型风机通过轻轻吹动幼苗，可以促使幼苗形成更粗壮的茎和强大的根系。对于莴苣这种植物，空气流动性差有时会导致叶尖灼伤。

3.10.4 旋转摩天轮

旋转的水培系统看起来别具一格，但实用性差，种植者也往往只是图一时新鲜，很快就会对它们失去兴趣。除此之外，难以查看和管理植物、空气流动性差、叶片上滴水、价格高、维护贵等，也是种植者放弃旋转水培系统的重要原因。换句话说，尽管在建造这个摩天轮水培系统的过程有很多乐趣，但这个系统最终不是用来优化生产、增加产量或减少劳动量的，而只是用来观赏和娱乐。在一些园艺商店可以看到摩天轮种植架，或者通过网上搜索也能找到一些。笔者曾经制

一般来说，摩天轮系统给人耳目一新的感觉，而且在种植小型作物方面，它们也确实有一定的优势。当花盆转到顶端时，营养液就开始灌溉，随着花盆重量的增加就使它开始向下旋转，从而使得下一个花盆得到灌溉。

作过几个摩天轮系统，也有一些经验可以分享：首先，使用电动机移动摩天轮使植物吸收营养液是件很麻烦的事情；其次，在摩天轮中，重力作用和水自身的重量对于移动植物是很有帮助的，因此可以加以利用从而避免使用电力；第三，使用盆栽种植，排水会很快。对这种系统而言，岩棉和珍珠岩基质通常是不错的选择。

3.10.5 A型NFT

A型NFT系统是由NFT管道以A的形状组装而成的。总的来说，这种系统有利有弊，优点在于可以在有限的空间增加植物的数量，而缺点则在于光照不均匀分布和空气流动性差。如果你想建造一个A型NFT系统，可以参考之前在“3.5 营养液膜栽培系统”中提到的关于管道坡度和营养液流速的设计方法。此外，可以在每个通道上安装内径6mm的阀门来平衡各层之间的流速。内径6mm阀门的使用方法在“3.10.6 槽式栽培系统菜园”中将进一步阐述。

3.10.6 槽式栽培系统菜园

槽式栽培系统菜园主要用雨水槽来建造，这个也是笔者最喜欢建造和定做的系统之一，详见下页。

3.10.7 如何建造一个槽式无土栽培系统菜园

这个系统是本书中相对复杂的设计之一，不过这可能与笔者关注栽培系统最终的艺术效果有关。另外，这个系统看起来很精美，以至于来参观的游客难以相信这是一个 DIY 作品。为简化这个系统的组装过程，我们可以跳过喷漆的步骤，使用乙烯基管（vinyl tubing，比 PVC 更环保）来连接水槽，也可以减少水槽的层数等。当然，这个系统也可以作为一个模型来建成一个更大规格的系统。虽然本书此处介绍的水槽长度仅为 85cm，但其实也可以很容易调整为 300cm 长的水槽系统，而且也可以增加水槽层数，但在增加层数的时候需要考虑水泵的大小。本书建议使用大一号的水泵，并使用阀门来控制每层流速，这样可以有效减少灌溉管路的堵塞。

- **适合场所**：户内、户外和温室
- **尺寸**：中型到大型
- **生长基质**：珍珠岩、陶粒和其他快速排水材料
- **是否需要供电**：需要
- **植物**：绿叶蔬菜、香草、草莓和其他生长期短的作物

材料

框架

5cm 厚 × 25cm 宽 × 250cm 长的木板 1 块

5cm 厚 × 10c m宽 × 250cm 长的木板 2 块

直径 5mm、长度 1.25 ~ 5cm 的自攻螺丝 450g

水箱 75L

水槽

乙烯基雨水槽 3m

白色乙烯基雨水槽挂钩 6 个

白色乙烯基 K 型端盖 3 对

粗珍珠岩 50L

可选

3 罐白色水基乳胶底漆，密封剂，防玷污剂（KILZ 2 乳胶）、油漆滚筒和油漆刷（在组装前先给架子刷漆）

灌溉

内径 12mm 橡胶密封圈 3 个

内径 12mm 弯头连接管 3 个

内径 12mm 黑色乙烯基管 3m

内径 40mm PVC 管 1.8m

内径 40mm PVC 直通 3 个

内径 6mm 黑色乙烯基管 1.2m

内径 12mm 堵头 1 个

内径 6mm 双倒刺接头 3 个

内径 6mm 截流阀 3 个

潜水泵（$3m^3/h$） 1 个

滤网 3 个

工具

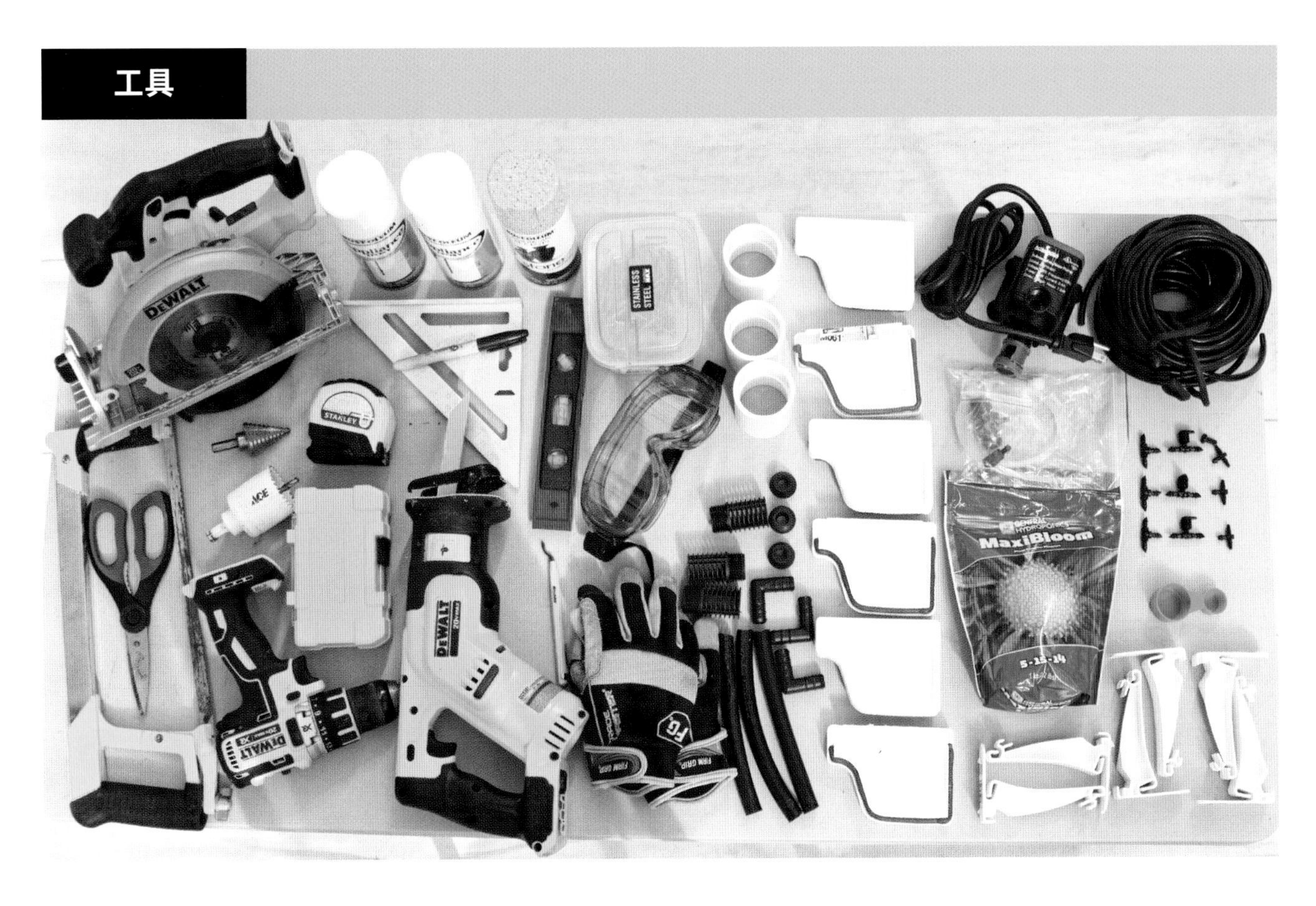

锯木架

卷尺

记号笔

圆盘锯

钻孔机

直径 5cm 开孔器钻头（右图所示）

6～36mm 10 阶钛阶梯钻

直径 6mm 钻头

水平工具

三角板

钢锯

重型剪刀

去毛刺工具

往复锯

灌溉线打孔机

安全设备

工作手套

护目镜

3.10.7.1 建造整体框架

在建造整体框架前首先要选择一个合适的贮液池，并且保证贮液池的宽度小于整体框架的宽度，以便贮液池可以放在两块木板中间。

① 把 5cm 厚 ×25cm 宽 ×250cm 长的木板放到锯木架上，并用夹子固定。

② 在木板的长边（250cm）上量出两个 75cm 的长度位置，做好标记后准备切割，切割之后的这两块板将作为整体框架的底座。

③ 戴上工作手套和护目镜，用圆盘锯将上述木板切割成两块 75cm 长的木板。

④ 把两块 5cm 厚 ×10cm 宽 ×250cm 长的木板放到锯木架上，并用夹子固定。

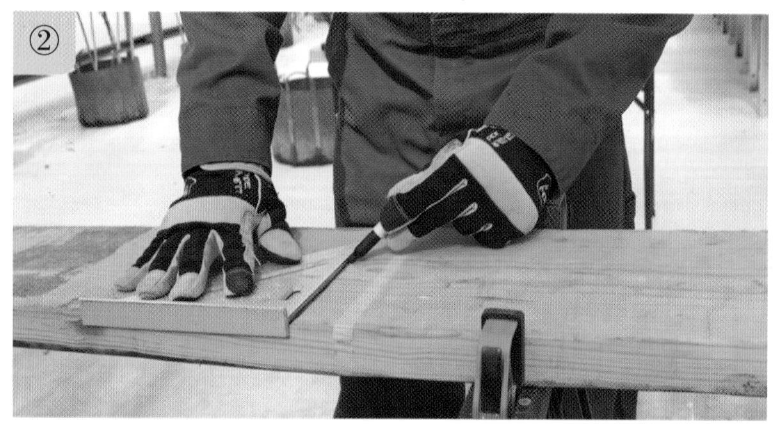

⑤ 在两块木板上分别标记出 150cm 处的位置，并把两块木板叠在一起，从而确保切割成相同长度的木板。

⑥ 在标记的位置将木板切成两个 150cm 和两个 100cm 的木板。

⑦ 将步骤 ⑥ 中的一块 100cm 木板切割成 75cm 长的木板。

⑧ 将步骤 ⑦ 中切割的 75cm 长的木板放到锯木架上，并用夹子固定，标记出木板的中点。

⑨ 用孔径 5cm 的钻头在步骤 ⑧ 中标记的中点处打一个孔。

⑩ 每边用两个螺丝钉将两块 5cm 厚 × 10cm 宽 × 250cm 长的木板与 75cm 长的基础木板连接起来，在两边各用一个螺丝固定。

⑪ 在两块 5cm 厚 × 10cm 宽 × 250cm 长的木板的另一侧与 5cm 厚 × 10cm 宽 × 75cm 的木板相连，两端使用螺丝固定。

⑫ 为了建造框架的支撑腿，可从剩下的 5cm 厚 × 10cm 宽的木板上截取两个短的木板。把这两个小木板以一定角度放在底座和与底座垂直的 5cm 厚 × 10cm 宽的支撑板之间。在小木板上记得做好标记，从而保证切割之后可以正常匹配。

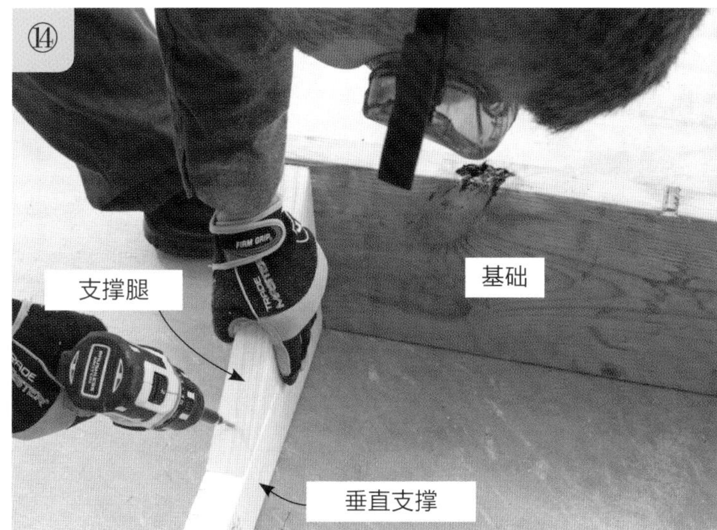

⑬ 切割带角度的支撑腿（外形参照图 ⑭）。

⑭ 用两个螺丝将支撑腿固定到底座上，再用一个螺丝将支撑腿固定到与底座垂直支撑的木板上。

⑮ 将整体框架放置在一个水平的地方，检查确认底座和顶部的支撑梁都是水平且笔直的。

⑯ 在框架底座上放置贮液池。

⑰ 将另一块 5cm 厚 × 25cm 宽 × 75cm 长的木板垫到贮液池下面，使贮液池保持水平。

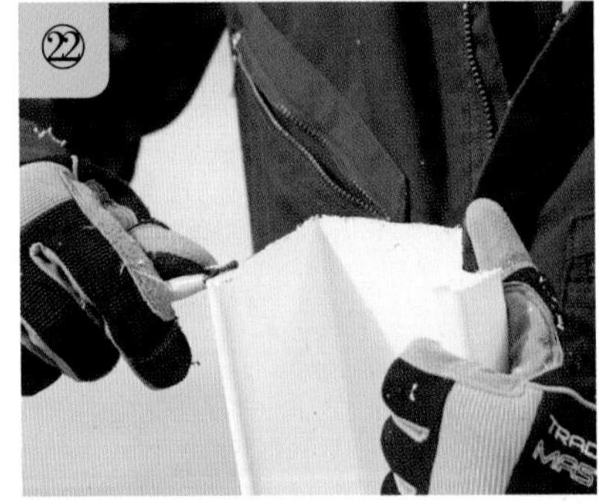

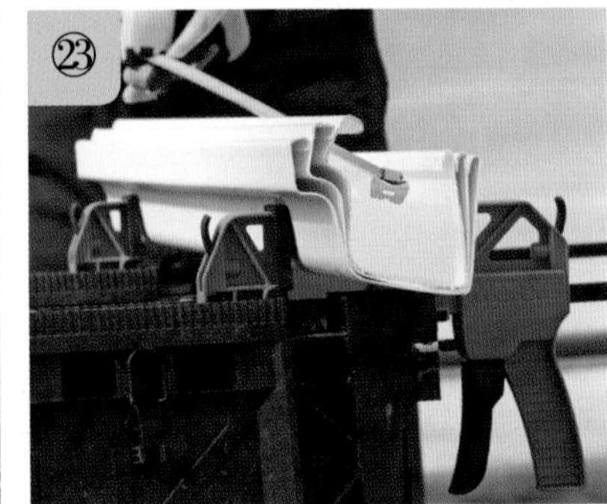

3.10.7.2 水槽安装

在整体框架搭建完成后开始进行水槽的组装。水槽两端至少需要比框架宽7.5cm，这样才能保证水槽两端的端盖可以正常安装。

⑳ 在 3m 长的乙烯基水槽上测量并标记出 3 个 85cm 长的位置。

㉑ 使用钢锯或重型剪刀将这 3 个 85cm 的小段水槽切割下来。

㉒ 用去毛刺工具去掉水槽切割末端的毛刺。

㉓ 把这 3 个 85cm 的水槽叠在一起，并用夹子固定在锯木架上。测量并标记出水槽的中点，即 42.5cm 处的位置。

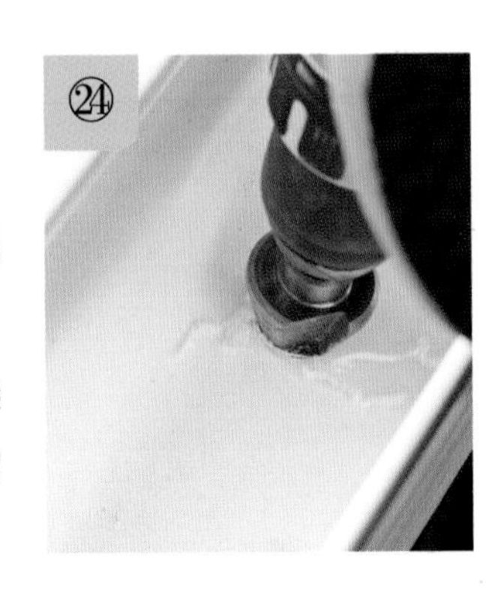

㉔ 使用阶梯钻在水槽标记的中间位置打一个内径 2cm 的孔，这个孔的位置选择非常关键，孔的位置应该选在靠近水槽中线的旁边，孔的中心距离水槽的后侧约5cm。之后使用去毛刺工具去除孔的毛刺，但要避免把孔磨大了。

㉕ 把内径 12mm 的橡胶密封圈插入孔中，如果孔太小的话，可以用去毛刺工具把孔适当加宽。

㉖ 对上述 3 个 85cm 的水槽重复步骤 ㉔、㉕。

㉗ 把内径 12mm 的弯头连接管分别插入到每个水槽的橡胶密封圈中。

㉘ 将内径 12mm 的乙烯基管剪出 3 个 10cm 的小段，然后连到弯头连接管上。

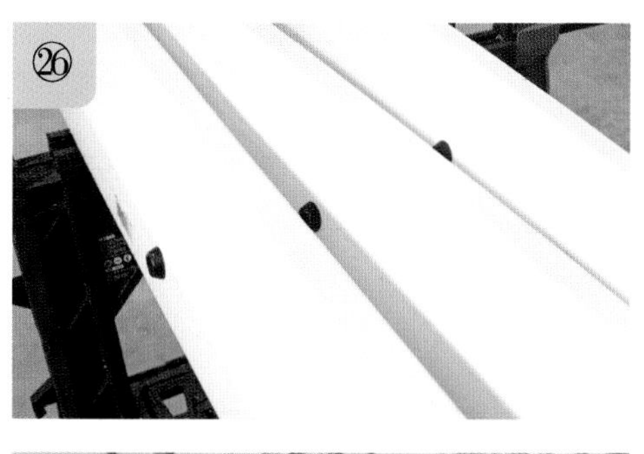

3.10.7.3 把水槽固定到架子上

在顶部横梁 7.5cm 以下的地方安装第一个水槽，再以 45cm 的间距安装其余两个水槽。最下面的水槽距离底座木板有 45cm 的高度，这个空间足够放置 30cm 高度的水箱。

㉙ 在每个垂直的 5cm 厚 ×10cm 宽 ×150cm 长的木板上，分别在顶端向下 7.5cm、52.5cm、97.5cm 的位置进行标记。

㉚ 把水槽的挂钩拧到垂直木板标记的位置。

㉛ 把水槽卡到挂钩上。

㉜ 加上水槽端盖。

3.10.7.4　灌溉系统组装

该系统的灌溉装备使用的是一根 PVC 主管，这根管既可用于排水，同时又可隐藏众多的供水管线。当然，也可以不使用 PVC 管，而是直接使用内径 12mm 乙烯基管作为各层水槽的排水管，将每层水槽的排水导入贮液池中，同时将各层水槽的供水管线也直接置于外面（而不是隐藏在 PVC 管中），这样就可以简化灌溉系统的组装。本系统虽然建造起来复杂一些，但看起来很简洁，不会因为管路太多而显得凌乱。

㉝ 把 1.8m 长、内径 40mm 的 PVC 主管穿到顶部横梁的孔中。然后标记一下 PVC 管与每层水槽的排水管的交叉位置。

㉞ 在每层水槽上方约 12mm 的位置做第二组标记，务必区分清楚这次做的标记和上次做的标记。

㉟ 把内径 40mm 的 PVC 主管放到锯木架上并用夹子固定，然后使用阶梯钻，在步骤 ㉝ 中标记的 3 个位置分别钻一个直径 16mm 的孔，这个孔将用于安装内径 12mm 的排水管线。

㊱ 使用 6mm 的孔钻头在步骤 ㉞ 标记的 3 个位置打孔，用于安装内径 6mm 供水管线。

㊲ 在内径 40mm PVC 管的最下端用阶梯钻打 4 个直径 35mm 的孔，因为这根 PVC 管的最下端与贮液池的底部直接接触，所以这 4 个孔可以使各层水槽排出的水流回贮液池，之后使用去毛刺工具打磨孔的边缘。

㊳ 为了将供排水管线放入内径 40mm PVC 主管内部，需要先截断 PVC 主管，之后再用内径 40mm PVC 直通进行连接。对于下面两层水槽，PVC 直通将位于它们直径 6mm 进水孔的上方位置；对于最上层水槽，PVC 直通将位于其直径 6mm 进水孔与直径 16mm 排水孔之间的位置。为了使 PVC 直通准确连接 PVC 主管，需要在下面两层水槽的直径 6mm 进水孔上方 5cm 的位置做一个标记，在最上层水槽直径 6mm 进水孔下方 5cm 的位置做一个标记，这样可以确保连接直通的时候不会挡住直径 6mm 的进水孔。

㊴ 对步骤 ㊳ 中在 PVC 主管上标记的位置进行截断。

㊵ 将截断的 PVC 管与对应位置的 PVC 直通相连。

㊲

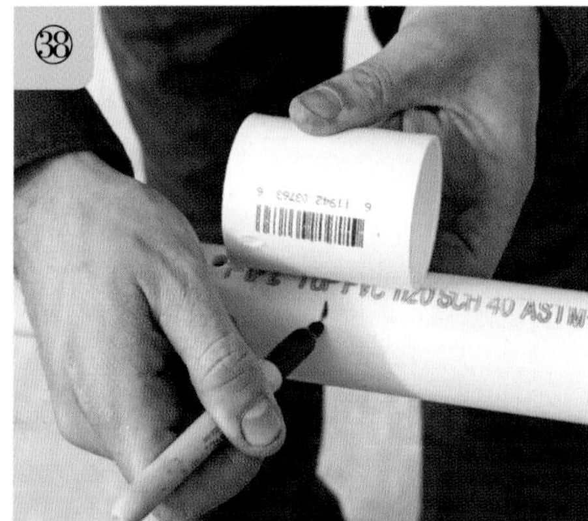
㊳

㊴

㊶

㊶ 把组装好的 PVC 主管重新装回系统，并且使其顶部从横梁木板的引导孔伸出来。

㊷ 检查 3 个水槽的内径 12mm 排水管能否伸入 PVC 主管上对应标记的排水孔中，如果不能的话，往往是由于 PVC 直通的接入会使得之前排水孔的位置变高，那么我们需要将 PVC 主

管之前裁切而成的各段分管适当截短后再用直通连接，直到排水管刚好可以插入 PVC 主管上对应的排水孔即可。需要注意的是，PVC 直通有时会产生较大的缝隙，从而增加 PVC 主管的长度，这样就导致之前测量的尺寸无法在这种情况下使用了。

㊸ 在内径 40mm PVC 主管上标记顶部横梁木板的位置。

㊹ 沿着步骤 ㊸ 标记的位置切去顶部多出来的 PVC 主管，从而使 PVC 主管与顶部的木横梁处于同一高度。

㊺ 把 PVC 主管放到平地上，并准备以下工具：内径 6mm 乙烯基管，内径 12mm 乙烯基管，内径 12mm 堵头，内径 6mm 双倒刺接头，内径 6mm 截流阀，灌溉管打孔器和剪刀。

㊻ 把内径 6mm 乙烯基管切出 3 段 25cm 长和 3 段 5cm 长的管。

㊼ 把内径 12mm 的乙烯基管放到 PVC 主管旁边，然后用夹子固定使管顺直一些。

㊽ 把内径 12mm 的堵头插入 PVC 主管顶部旁边的内径 12mm 乙烯基管的末端。

㊾ 然后用灌溉管打孔器在内径 12mm 乙烯基管上打 3 个孔（用于供水与分流），这 3 个孔的位置应该与 PVC 主管上直径 6mm 供水孔的位置对应，这样有利于之后内径 6mm 供水管穿过 PVC 主管向水槽供水。

㊿ 把内径 6mm 的双倒刺接头插到步骤 ㊾ 中在内径 12mm 乙烯基管上打的 3 个孔中。

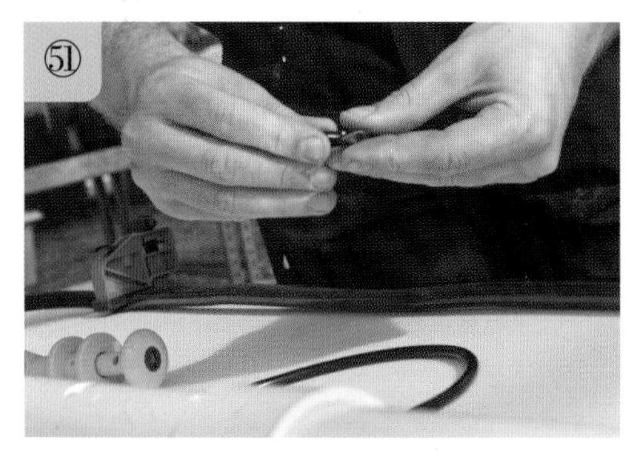

51 用内径6mm的截流阀将长度为5cm和25cm的内径6mm乙烯基管连接起来。

52 在内径40mm PVC直通的地方将PVC主管分开。

53 把步骤51中25cm长的内径6mm乙烯基管插到PVC主管上直径6mm供水孔中，这样25cm长的乙烯基管就进入PVC管内部，而截流阀则仍位于PVC主管的外面。

(54) 从 PVC 主管的顶部开始，把 25cm 长的内径 6mm 乙烯基管连接到内径 12mm 乙烯基供水管的内径 6mm 双倒刺接头上。

(55) 将内径 12mm 乙烯基管沿着 PVC 主管往下顺，然后继续把第二个和第三个 25cm 长的内径 6mm 乙烯基管与内径 12mm 乙烯基供水管的内径 6mm 双倒刺接头相连。

(56) 将 PVC 主管重新连接起来。

(57) 把内径 12mm 乙烯基管的最下端穿过步骤 ㊲ 中的其中一个排水孔。

(58) 把组装好的 PVC 主管放回系统，并沿横梁木板的导向孔将其固定。

(59) 把每个雨水槽下面伸出来的内径 12mm 排水管分别插入到 PVC 主管上对应位置的直径 16mm 排水孔中。

(60) 把内径 12mm 乙烯基供水管的最下端与贮液池的水泵连接起来。

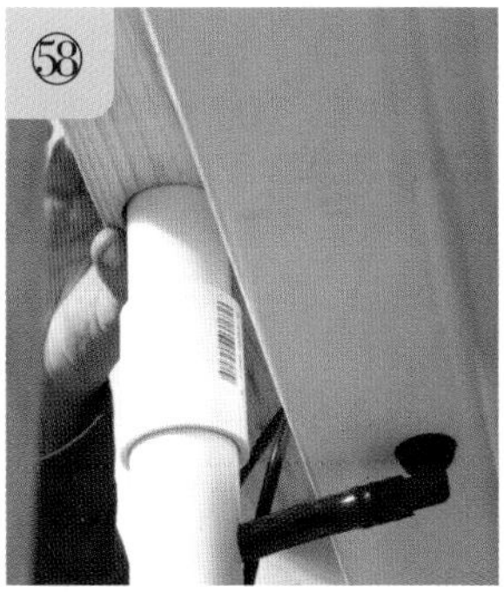
(58)

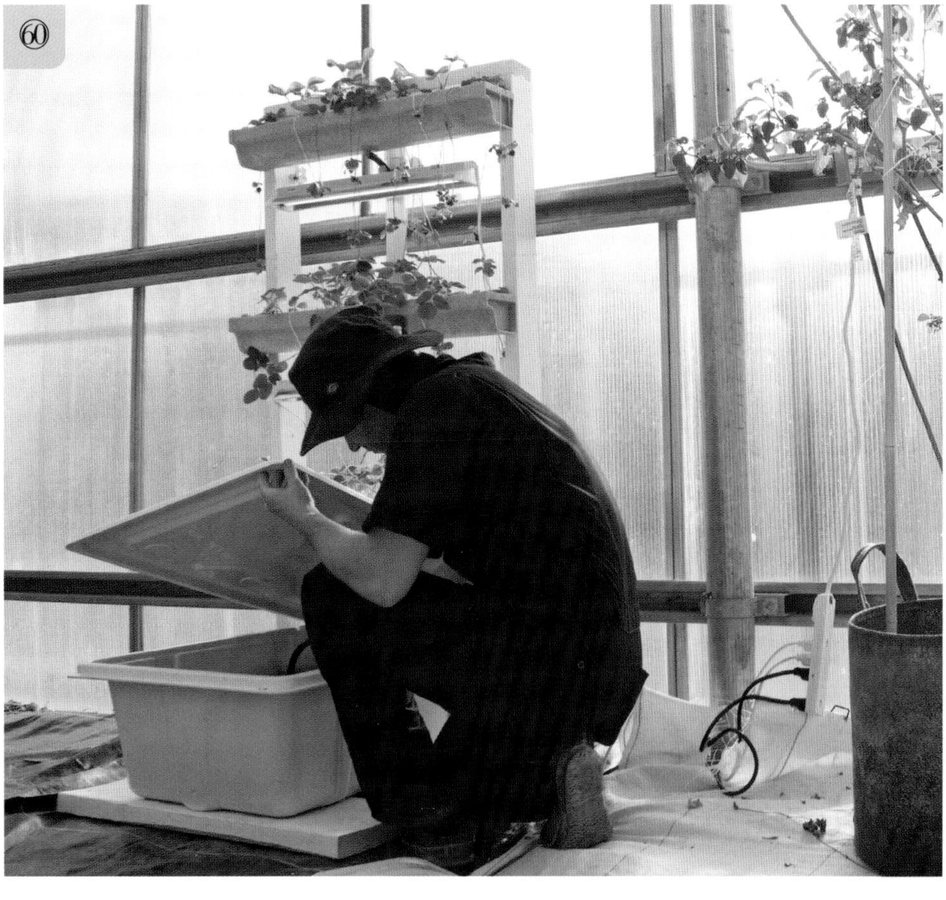
(60)

3.10.7.5 定植

在定植之前需要先检测灌溉系统能否正常运行。首先往贮液池中加水至没过水泵，打开水泵，检测每层水槽是否出水，然后通过截流阀来调整每层流速。这个灌溉测试同时可以帮助清洁灌溉管道，并将之前组装管道时产生的塑料颗粒残渣冲洗出来，之后倒掉检测所用的水。

61 把过滤器放到雨水槽的内径 12mm 排水垫圈的上面，然后准备填充水槽内部的种植基质。

62 为了保证系统的干净，需要提前清洗珍珠岩，然后再将珍珠岩填入每个水槽。

63 每个水槽珍珠岩填充的数量取决于种植植物的数量，因为水槽中的育苗块会占据一定体积，因此建议在定植之前不用将水槽填得太满。

64 往贮液池中加清水，同时配制适合作物生长的营养液（详见“6 无土栽培系统维护”）。

65 打开水泵，检查每一层是否有营养液流出。

66 移栽幼苗。

3.10.7.6 其他选项

（1）贮液池　在这个槽式无土栽培系统菜园中，有很多类型的贮液池可供选择，不透明的塑料储物箱、20L 的水桶，甚至小水池都可以作为贮液池使用。需要注意的是，贮液池必须要用东西（比如黑色塑料膜）遮住不能透光，否则极易滋生藻类，然后进一步引发菌类和昆虫对植物根系的损害。如果种植环境温度较高的话，可将贮液池埋入地下，从而降低营养液的温度。

雨水槽的支撑框架可用于安装生长照明灯。

（2）光照　如果想在室内使用本系统，则需要另外安装植物生长灯。在温室环境条件下，为了补充光照，可以给下面两层水槽增加两根 60cm 长的荧光灯管。当然，LED 灯也是不错的选择，而且一般亮度会更高，因此 LED 灯可能更适合本系统在室内使用。另外，也可以在顶层水槽的上面安装生长灯进行补光，当然这就需要在顶层水槽上面再增加 1 层水槽作为支撑才行。

3.10.7.7　故障排除

（1）水槽两端漏水

- 把贮液池的水排干，让整个系统保持干燥。
- 用 PVC 胶水把水槽两边的端盖粘好并确保密封。

（2）多层水槽不出水

- 检查水泵是否通电。
- 检查水泵通风口是否有东西堵塞。
- 检查水泵进气阀是否位于全开的位置。
- 确保每层截流阀都打开。

（3）其中一层水槽不出水

- 减小其他水槽的流速，直接增加不出水这层水槽的水压。
- 完全关闭其他水槽的阀门，增大压力，将那些堵塞的碎屑排出。
- 用展开的回形针沿着堵塞的供水管将里边的碎屑捅出来。
- 拆卸并重新安装不出水水槽的灌溉系统。另外，缩短供水管线也能起到一定作用。

4

育苗和扦插

对于种植水培菜园的新手来说，培育健壮的菜苗和扦插苗是他们将面临的较大挑战之一。不同品种的作物萌发和生根所需的最佳条件是不同的，我们可以参考本书附录，找到各种作物的推荐发芽温度。 如果第一次尝试育苗或扦插失败时，请不要气馁，需要多尝试几次才能找到最适宜的方法。实在不行，还可以从苗木基地购买种苗，将其按照“4.4 移栽土培菜苗”中所列的步骤移植到水培系统中。

准备岩棉

（岩棉是以天然岩石为主要原料，经高温熔化、纤维化而制成的无机质纤维，是一种新型的无土栽培固体基质，有着很好的透气性和保水性。——译者注）

在播种前漂洗岩棉十分重要，一些岩棉种植者喜欢将岩棉浸泡一夜，但笔者发现这是没有必要的。严格来讲，岩棉应该在 pH 值为 5.5 的溶液中漂洗或用水浸泡，但笔者发现这个其实也是没有必要的。已经有人成功地使用 pH 值为 5 ～ 7 的岩棉进行育苗。如果没有 pH 计，不用担心，你仍然会有成功的机会。岩棉的初始漂洗可以用水或营养液，但最后一定要用营养液漂洗，这样幼苗或插条一旦生根就可以获得营养。人们大多建议使用四分之一到二分之一浓度的营养液，但笔者也曾在四分之一到全量（百分之百）营养液中育苗成功。植物生长过程中，环境大都会有轻微的波动，不必担心 pH 值、营养液浓度、根系温度与标准值稍有出入。

首选的岩棉清洗方法是用网状托盘，它可以轻松冲洗掉任何松散的岩棉尘。我们也可以在一个结实托盘底部漂洗岩棉，只需浸泡并倒掉多余的营养液即可。

4.1 岩棉育苗

岩棉育苗是一种既简单又方便的方法，温度、光照、湿度、气体（氧气、二氧化碳）是成功与否的关键因素。岩棉育苗有很多种方法，这里所提供的方法已多次在家庭水培和商业水培系统中应用。有很多种已知的岩棉育苗方法非常简单，并且对设备的要求低，但笔者的目的是提供一种耗费最少心力就能获得最大成功的方法。

材料

岩棉块［Grodan（品牌）A-OK 36/40］
25cm×51cm 网状带孔托盘
25cm×51cm 无孔托盘
营养液
带控制器的育苗增温垫
种子
标签和马克笔
气雾瓶
带有圆形排湿口的透明罩
T5 荧光灯（60cm 长、4 个灯管）
风扇

① 将岩棉条放置在 25cm×51cm 的网状带孔托盘上，用 1/2 浓度的营养液漂洗岩棉。

② 让多余的营养液透过岩棉顺着网状托盘流出。

③ 将网状托盘放置在无孔托盘上，使岩棉块能接触到水但是尚未浸没在水中。

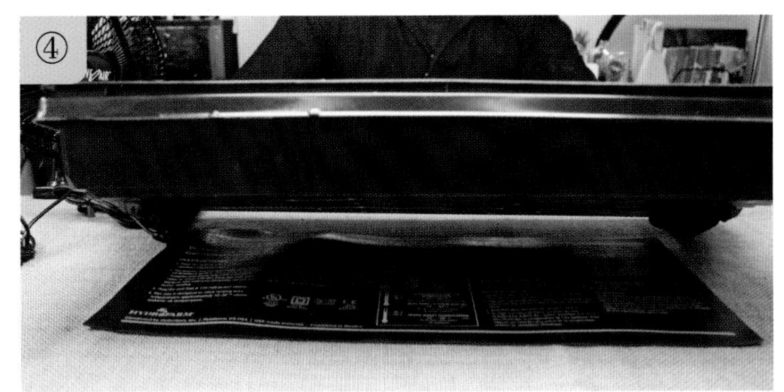

④ 将托盘整体放置在育苗增温垫上。

⑤ 在岩棉条上播种。

⑥ 每穴只播一粒丸粒化种子。

⑦ 如果种植罗勒，为了获得更高的产量，建议每穴播种 3 ～ 8 粒罗勒种子。即使撒在岩棉表面，罗勒也能很好地萌发。

⑧ 使用未丸粒化的种子，生菜产量会更高，建议每穴播种 3 ～ 5 粒。

⑨ 像番茄、辣椒、黄瓜、茄子这样的作物，每穴应播种 2 粒。种子发芽后，从两棵植株中挑选长势好的一棵，拔除另一棵，这样可以避免有种子未发芽而造成空穴。

⑩ 标记品种。使用马克笔在标签上写明品种信息或在纸上作记录。

⑪ 播种后用气雾瓶喷湿种子，增加湿度，促进种子萌发。丸粒化种子因增加了一个外壳，种子不能直接与岩棉接触，喷雾处理可使丸粒化种子湿度增加，促进种子萌发。

⑫ 育苗增温垫与温度控制器相连，将控制器的温度计透过圆形排湿口插入岩棉中。

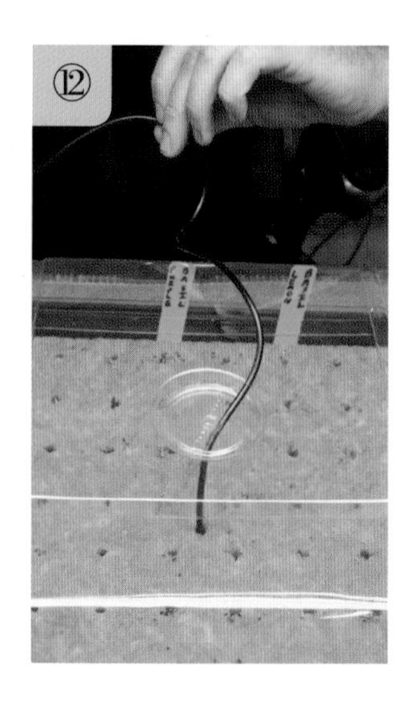

⑬ 将透明罩（可保持一定湿度）固定在托盘上，并将温度计上面松弛的线拉紧。

⑭ 将温度控制器设置到所需要的最低温度，各种作物的适宜发芽温度可以在本书附录中找到。

⑮ 播种后的前几天基本不需要管理，漂洗过后的岩棉中的水分充足，可以满足种子的需求。

⑯ 大多数植物播种后 3 ～ 5 天即可发芽，当 50% 的种子发芽后，移除透明罩。

没有及时移除透明盖会增加幼苗感染真菌病害甚至死亡的概率。

⑰ 岩棉中水分充足时，岩棉会很重，但随着水分减少，岩棉会变轻。拿起托盘感觉一下重量，这样就能知道菜苗是否需要浇水。当托盘较轻时就需要浇灌营养液，通常 2 ～ 3 天浇一次，这个频率受室内气温和作物长势的影响。由于环境不同，菜苗有可能在 1 ～ 2 周内就可移植到水培系统中，在此期间我们可能都不必对菜苗进行浇水。

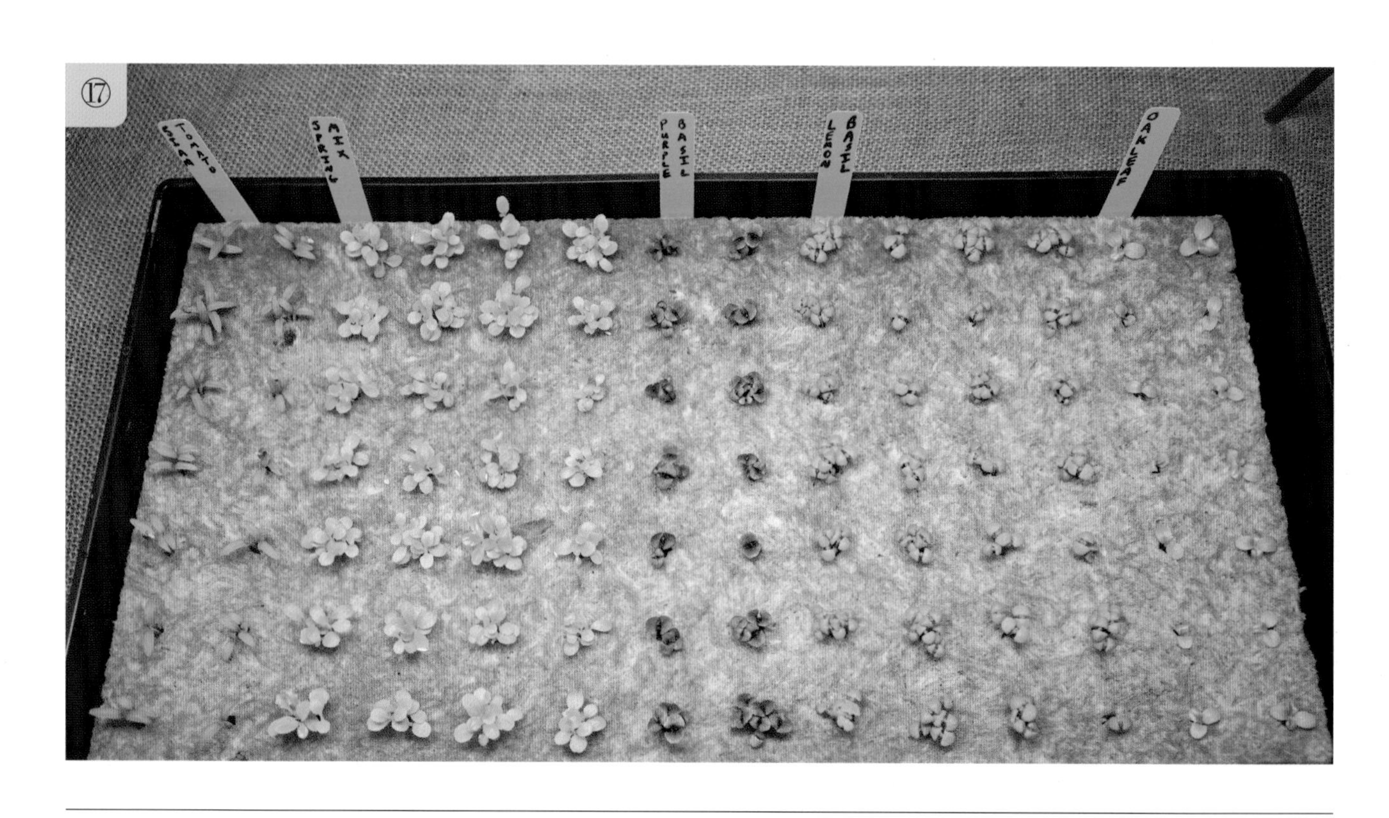

收集插穗

用干净的工具从长势好的植株上剪切插穗，这一步对很多新手来说有难度。扦插的最适环境对于病害也是有利的，菜苗也会因此得病，严重的甚至死亡。因此，在扦插前必须清洗双手、嫁接剪以及其他会用到的工具。许多种植者戴手套并用酒精湿巾给工具消毒来防止病菌感染。

插穗所需的最小长度与嫁接技术的高低有关，通常尽可能使插条长一些（15cm 以上），后面根据需要可以再将其剪短。去掉所有的侧枝和叶子，只在插穗顶部保留少数叶片。

在节位上部剪切

尽可能挑选茎粗的（左侧）而不是茎细的插穗（右侧）

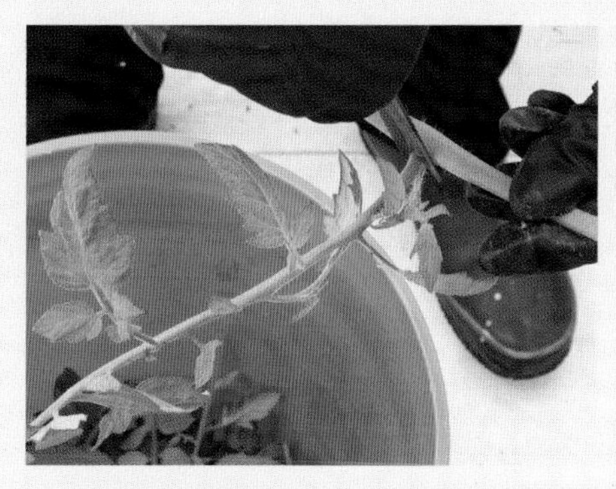

去除侧枝和叶片

插穗只需留取几片叶子，叶片太多可能使植株在生根前枯死。多准备一些插穗，以备不时之需

去除所有的花，使植株的营养更多地供给根系的生长而不是开花结果

将得到的插穗保存在水中

- **适用场所**：室内或阴凉的温室
- **栽培基质**：岩棉
- **是否需要供电**：室内需要，室外不需要
- **作物**：罗勒，薄荷，鼠尾草，迷迭香，百里香，薰衣草，番茄，辣椒，甘薯和其他

4.2 岩棉扦插

岩棉扦插有很多种方法。本书列举了一些改进后的方法，请根据作物种类以及栽培环境选择。

材料和工具

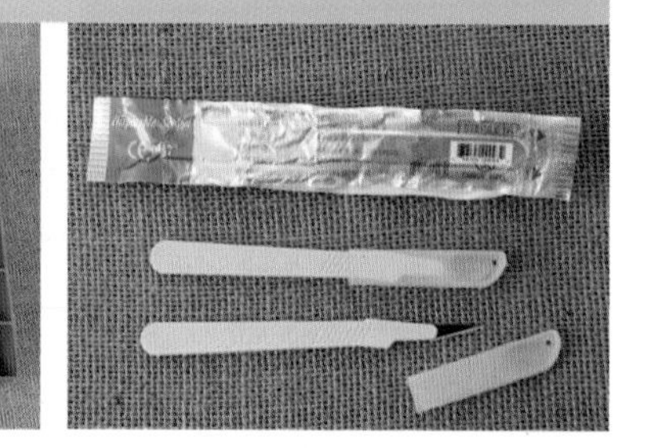

岩棉块 [Grodan（品牌）A-OK 36/40]

营养液

25cm × 51cm 无孔托盘

锋利的嫁接剪或刀

根部激素（可选）

带有圆形排湿口的透明罩

T5 荧光灯（60cm 长、4 个灯管）

带控制器的苗木增温垫（可选）

Gro-Smart 托盘（可选）

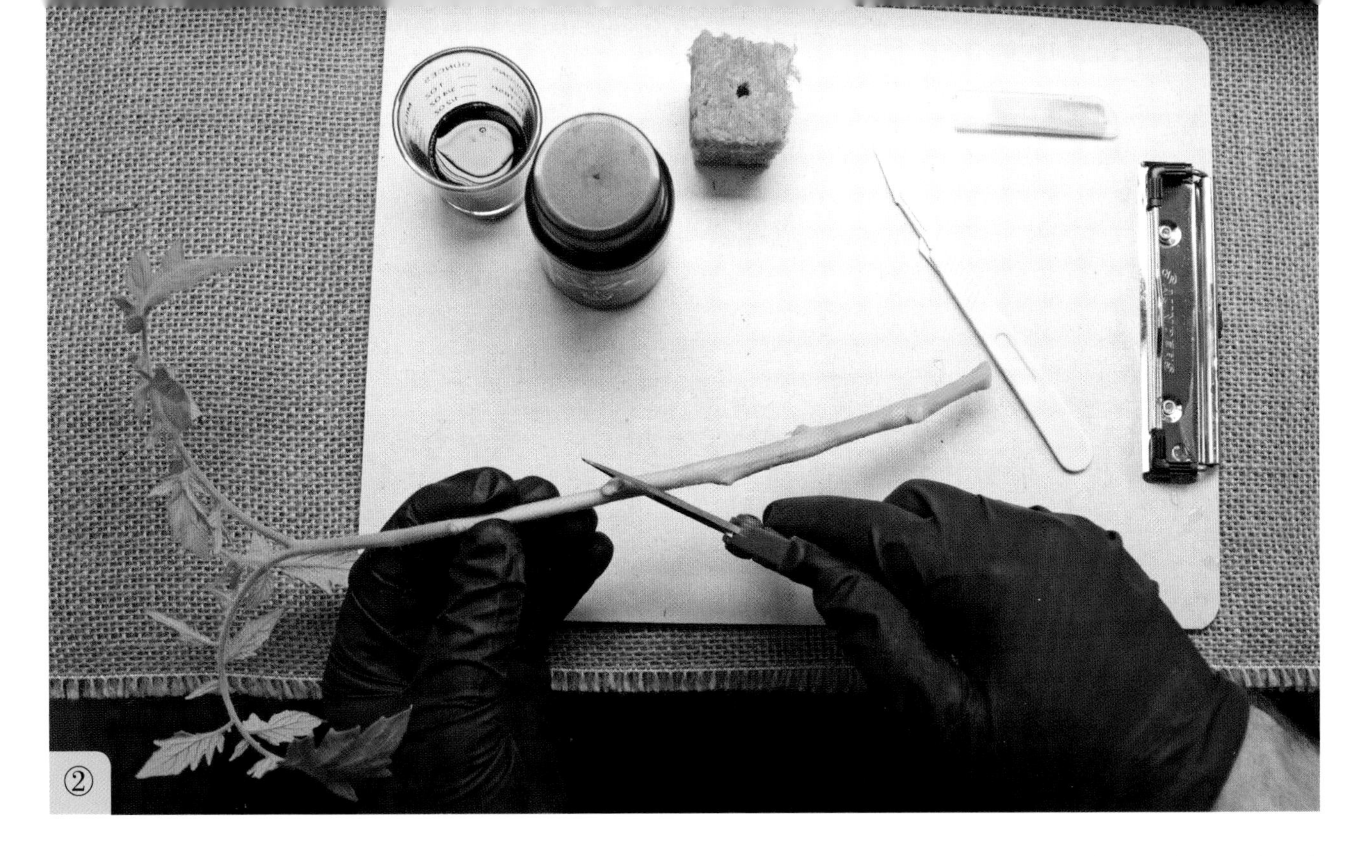

① 用一半浓度的营养液漂洗岩棉后，将其放在无孔托盘中。用锋利的嫁接剪收集插穗（见第 135 页“收集插穗”）。

② 将插穗修剪到 10 ～ 18cm，在节间下方做 45° 角切口。

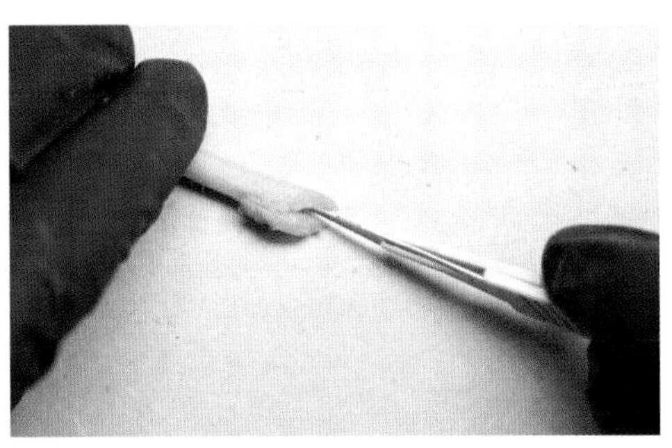

（可选）有些种植者倾向于在插穗的下端做一个水平的切割，然后在底部把茎切开，有些种植者喜欢做一个 45° 角的切割，还有一些种植者两种方法都采用。

（可选）有些人将插穗下端一侧的表皮剥掉。使其露出形成层，这是茎内的一个白色层，根由此产生。

（可选）生根激素对作物生根非常有用，一些种植者用蜂蜜来代替生根凝胶。

③ 使用生根激素时，千万要戴手套。

④ 取部分生根溶液倒入一个单独的容器中，以防污染整个瓶子。

⑤ 将插穗的切口端浸入生根激素中，栽入基质块前将多余的液体控干。

⑥ 插穗可以用以下几种方式定植。

⑥A标准方法是将插穗插入预先挖好的孔（深度大约 2.5cm）中。

⑥B另一种方法是挖一个更小的洞，这样插穗与洞会贴合得更紧密。当使用比较瘦弱的插穗时，采用这种方法可以使茎和岩棉接触得更紧密，提高存活率。

⑥C还有一种方法是将插穗插入岩棉块底部，这和上一个方法一样都是为了增大接触面积，而且因为岩棉块底部较大，使其可以不需要支撑就能放在托盘中。

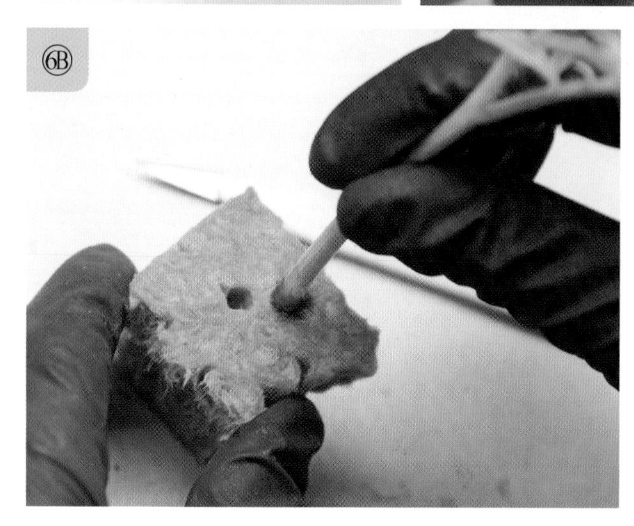

⑦ 植株间尽量不要遮挡，植株间遮挡会使湿度增大而增加幼苗感染真菌病害的风险。

⑧ 将带排湿口的透明罩牢牢扣在托盘上，放在低强度的灯光下。四个灯管只开两个灯管，以降低光照强度，避免幼苗因光合作用过强而对植株造成潜在伤害。

⑨ 若插穗在生根前就开始萎蔫，需要多剪掉几片叶来减少蒸腾作用，并降低光照强度，在托盘底部多加些水来增加湿度或调节增温垫的温度。但不要在托盘中加入太多水而使岩棉块浸泡在水中。

⑩ 带控制器的增温垫有益于生根，大多数种植者将温度设置在 21 ～ 27℃。

⑪ 通过调节圆形通风口的大小来使插穗慢慢适应正常的湿度水平。

⑫ 一些植物的插穗可能不到一周就能生根，但是大部分需要几周或更长的时间才能达到移栽的标准。当插穗的根长出岩棉块时就可以移栽了。

4.3 水培扦插

大多数水培菜园种植者发现，水培扦插要比岩棉扦插容易得多。植物在溶液中生根比较快并且在生根过程中遭受的胁迫较少，很少需要用到生根激素。水培扦插可采用多种方法，例如雾培法和深夜流水培法。接下来笔者将详细讲解深液流水培扦插，雾培也同样适用。

水培扦插不会限制植物的生长，植物可在其中长至成熟期，已有人成功种植出结满果实的草莓和长势旺盛的薄荷。水培扦插既可以用于育苗，也可以作为一种种植方式。

① 用锋利的嫁接剪收集插穗（具体方法按“4.2 岩棉扦插”中的操作指导进行收集），通常插穗长度为 15cm 左右，经过剪切后，就可以确保至少有 2.5cm 的茎浸泡在营养液中。

② 组装好扦插系统，若在室内使用，请将其放在生长灯下。

③ 使用 1/2 浓度的营养液或者专门用于扦插生根的水培肥料（也称作“扦插溶液”）。

④ 插入气泵和水泵。

⑤ 使用柔软的海绵来固定插穗，确保没有叶片卡在海绵中。

材料和工具

锋利的嫁接剪

40 孔的水培扦插系统

T5 荧光灯（60cm 长、4 个灯管）

营养液

- **适用场所：**室内或温室阴凉处
- **栽培基质：**岩棉、营养液
- **是否需要供电：**需要
- **作物：**罗勒、薄荷、鼠尾草、迷迭香、百里香、薰衣草、番茄、辣椒、甘薯和其他任何可以扦插生根的品种。

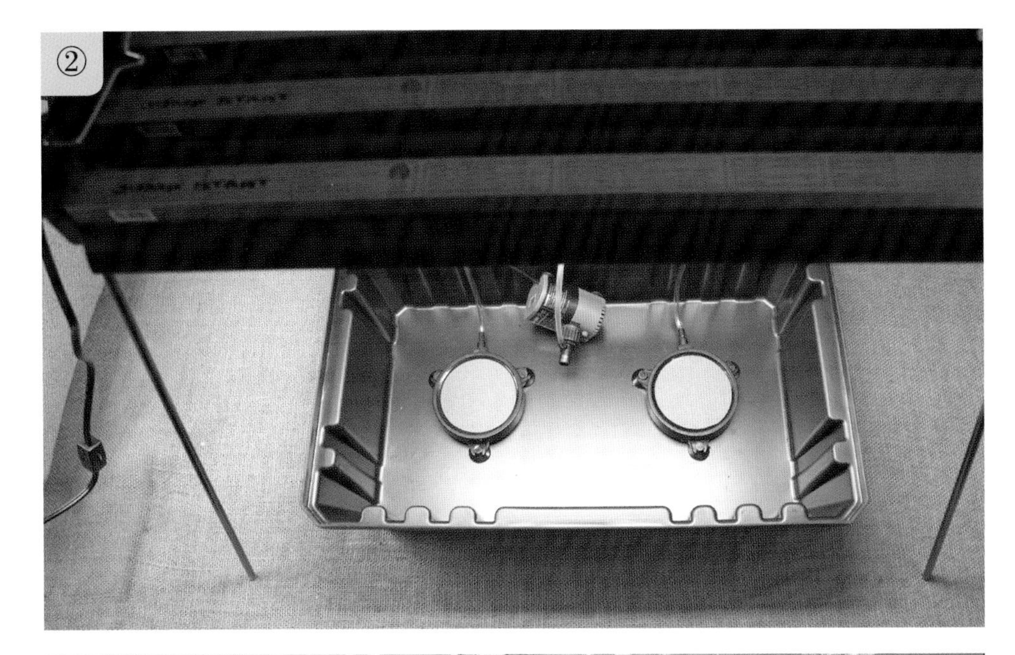

⑥ 均匀放置植株，用海绵盖住所有未用的孔。

⑦ 4～7天后，大多数插穗开始生根，一些植物可能需要更长的时间才能生根。

⑧ 插穗的根长到一定大小时，我们就可以去除海绵将其移植到水培系统中。

4.4　移栽土培菜苗

水培菜园种植新手更喜欢使用土壤培育的菜苗，因为从苗木基地购买菜苗或者直接使用土培育苗很方便。水培系统中可以使用传统土壤培育的菜苗，但这并不是最好的方法，因为我们在冲洗根部土壤的过程中通常会损失或损伤一些根，这些都会增加植物感染根部疾病的可能性。

如果水培系统中的灌溉管道很细（≤ 0.5cm），那么植物根部残留的土壤颗粒可能会堵塞管道。土培苗移栽后的成活率较低，建议种植者使用水培苗。但是，笔者个人非常喜欢冲洗植物根部土壤的这个过程。

① 尽量去除植株上所有的果实和过密的枝条。果实和枝条的减少意味着植株所需水分的减少，从而降低对根部吸水量的要求。植株根系在冲洗过程中若遭到破坏，将不能为植株提供所需的营养和水分，所以必须尽可能地减少根系损伤。

② 清除植株上面松软的浮土。

③ 将植株从盆里移出。

④ 将根系轻轻地浸入水中。

工具

锋利的嫁接剪

水桶

⑤ 轻柔地摇动植株，抖掉根部土壤。

⑥ 用手指疏松根部，露出根系内部的土壤团块。

⑦ 清洗根系时需要不断换水，整个过程可以使用流速缓慢的水管来冲洗。

⑧ 在不伤害根系的前提下，挑出残留的土壤颗粒。

⑨ 在基质中挖一个定植穴。

⑩ 将植株插入定植穴，覆盖根系。

⑪ 移栽后浇定植水，使根系与基质充分接触。

⑤

⑥

⑧

⑨

⑩

5

作物营养

5.1 植物摄取养分

植物不能区分天然肥料和化学肥料，它们可以从土壤中摄取一些离子和小分子。在传统的菜园种植中，这些营养元素来源于腐熟后的生物有机肥。植物主要吸收铵盐（NH_4^+）或硝酸盐（NO_3^-）形式的氮。有机肥中的氮以各种形式存在，包括有机氮（Org-N）、氨气（NH_3）、铵根（NH_4^+）、联氨（N_2H_2）、羟胺（NH_2OH）、氮气（N_2）、一氧化二氮（N_2O）、一氧化氮（NO）、亚硝酸（HNO_2）、亚硝酸盐（NO_2^-）、二氧化氮（NO_2）、硝酸（HNO_3）和硝酸根（NO_3^-）。将像粪肥这样的原始营养源分解为植物可利用的小分子和离子的过程受各种因素的影响，包括菌落、土壤温度和水分含量。目前通用的无土栽培肥料中，氮是以植物可直接吸收的形式（铵盐和硝酸盐）存在的，不需要经过细菌分解。

根系可以帮助植物从土壤中吸收水分。溶解在土壤水分中的养分又称土壤溶液，可以被根系很好地利用。土壤中养分的可利用性不仅取决于养分的含量，还与土壤的湿度、pH、养分分布、阳离子交换能力等有关。

水培系统中生长的植物可以不断地从营养液中获取营养。营养物质均匀地溶解在水中，形成类似于土壤溶液的营养液。植物可以在它们需要营养的任何时刻对其加以利用，使植物发挥它的最大生长潜力，而不受营养不足的影响。

营养液定义

营养液：把含有植物生长所必需的营养元素的肥料溶解在水中，即为营养液。

母液：母液的浓度很高，通常是营养液浓度的 50 ～ 200 倍。

配制母液的原因是直接添加未溶解的肥料不如施加液体肥料效果更好。

5.2 肥料

肥料是影响植物生长的一个重要因素，这是商业无土栽培种植者经常会遇到的问题之一。几十年前，大部分的种植者需要混合十种以上的营养元素才能配制成满足作物营养需求的营养液。操作起来十分繁琐！如今，仍然有许多种植者混合各种化学试剂来配制营养液，但是预混肥料的使用率在增加。种植者只需购买 2 ～ 3 种不同预混肥料就可以配制成满足作物营养需求的营养液。还有一些水培肥料制造商发明了一种“单瓶肥料”，进一步简化了营养液的配制流程。它的使用方法就和用果汁粉冲一杯果汁一样简单。种植者仅需要将肥料粉末或液体按照包装上面的比例加入一定量的水即可。

5.2.1 有机水培肥料

有机水培是可行的，但不建议新手尝试。这个需要种植者有一定的水培种植经验，在采用有机水培之前应先掌握在正常条件下如何种植植物。水培菜园种植新手若想进行有机水培，鱼菜共生是一个很好的选择。鱼菜共生将水培园艺和水产养殖很好地结合起来，在这个系统中，鱼产生的废物经过一系列的生物分解过程变为植物可利用的养分。

种植者可能会尝试使用传统种植使用的有机肥料，但这常常会产生恶臭。许多有机肥料是由动物粪便或肉类行业的副产品制成的，这些肥料施用在水培系统中会迅速腐烂，使营养液散发恶臭，水培系统容易被杂质覆盖起来，种植者需要经常清洁栽培系统。在水培系统中使用最成功的是由甘蔗等植物为原料制成的有机肥料。已经有种植者成功利用一种叫做 Pre-Empt 的甘蔗源肥料种植有机水培菜园。

5.2.2 常规肥料类型

5.2.2.1 液体或固体肥料

常规肥料有几种类型。大多数水培种植者通常使用液体肥料或固体肥料。液体肥料更容易使用，因为它们很好量取并且不需要混合，但是液体肥料价格更贵。大多数液体肥料是瓶装的，由生产商将固体肥料溶解到一定量的水中而制成。液体肥料的浓度通常高于固体肥料，并且由于运输成本的增加而价格更贵。

5.2.2.2 单瓶肥料、双瓶肥料、多瓶肥料

许多水溶肥生产商试图添加很多添加剂来开发出新产品，但是对于健康的植物而言，这些添加剂是多余的。许多水培种植新手对这些新产品不了解，使用后会造成弊大于利，可能会因此“溺爱”植物。他们希望给植物更多的营养，但是给予过多可能会致死。

单瓶肥料可以在不添加其他非必需组分的情况下种出健康的植株，成功率达99%。大多数单瓶肥料既可以用于营养生长（生菜或植株幼苗等），又可以用于生殖生长（番茄成熟期或其他开花作物）。

还有许多液体肥分为两瓶或三瓶。这些多瓶肥料与那些加入附加药剂的产品不同，之所以分成多瓶是因为它们在高浓度下混合时很容易相互结合而产生沉淀。钙与磷酸盐或钙与硫酸盐经常会发生沉淀，当这些物质结合时会产生像沙子一样的沉淀物，它们将沉积在池子底部不能给植物提供营养。许多公司将肥料分成两瓶出售：一部分为钙盐；另一部分含有磷或硫，它们各含有与其不会结合为沉淀的其他物质。单瓶肥料的保质期通常很短，因为时间越长越容易产生沉淀物，聚集在瓶子底部。因此，我们在购买之前要先摇动肥料瓶的底部，检查是否有肥料沉淀产生。

肥料分成两瓶或三瓶的另一个好处就是能够调节养分的比例，不同配比的肥料可用于植物不同的生长时期。

许多大型的商业水培菜园种植者和学校都生产肥料，如果您对化学非常有兴趣，并且想了解先进的水培肥料，那您可以先从 Hoagland（霍格兰）营养液的研究开始。霍格兰营养液和它的衍生配方都是在 20 世纪 30 年代加利福尼亚大学的原始水培营养液配方基础上制成的。

单瓶肥料使用方便，但是价格通常较昂贵。如上图所示，左侧的（FloraNova Grow）适宜作物营养生长期使用，右侧的（FloraNova Bloom）适宜作物开花结果期使用。

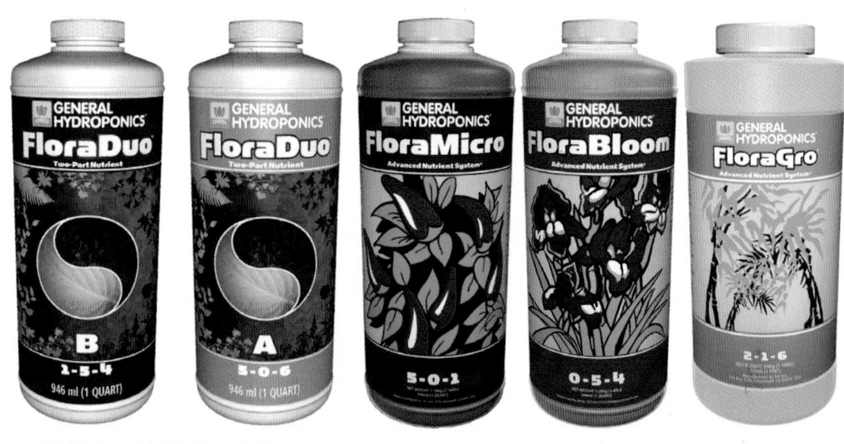

两瓶和三瓶液体肥料使用起来也很方便，不仅保质期很长，还可以调节养分的最佳比例。上图左侧为FloraDuo的两瓶肥料，右侧为FloraDuo的三瓶肥料。两瓶或三瓶的干粉状的肥料与液体肥料有着相似的作用，但是通常会比较便宜，在常见的肥料市场里很难买到多瓶装的干粉状水培肥料，Hort Americas、Hydro-Gardens（Chem-Gro）、JR Peters Inc.（Jack's）和Plant Marvel（Nutriculture）这些公司生产的混合肥料比较受欢迎。

5.3 肥料养分测定

这里有几种测定水培溶液中肥料浓度的方法，测量单位因国家和使用目的不同而不同。

5.3.1 电导率

电导率（EC）是表示物质传输电流能力强弱的一种测量值。水能导电，因此我们在雷雨天游泳或洗澡时使用电子设备会极度危险。令人惊讶的是，不含矿物质的纯蒸馏水却是非常差的导体。纯的蒸馏水并不常见，并且几乎所有的水源都因其含有一些矿物质而具有一定的导电性。在水培中，种植者通过添加肥料来增加水中的矿物质含量，这些肥料可以增加营养液的导电性。因此，我们可以用EC来反映水培营养液的肥料浓度。常用的EC单位是mS/cm。有些国家，比如澳大利亚和新西兰，有时会使用电导率因子（CF）代替EC。EC、CF和ppm的相应转换值见“5.3.2 百万分比浓度”中的转换表。

MaxiBloom是一种适宜处于生殖生长期植物使用的干粉状水培肥料

（单瓶肥料为将含有植物生长所必需的营养元素的肥料混合后装在一个瓶子中；双瓶肥料为将含有植物生长所必需的营养元素根据避免其相互结合后发生反应的特性混合后分到两个瓶子中；多瓶肥料是将含有植物生长所必需的营养元素更加细分，混合后放在多个瓶子中。——译者注）

5.3.2 百万分比浓度

百万分比浓度（ppm）是用溶质质量占全部溶液质量的百万分比来表示的浓度，通常以 mg/L 为单位。例如，将 1mg 溶质加到 1L 水中，此时称溶液浓度为 1ppm。ppm 通常与溶解性固体总量（TDS）相关，由于 ppm 仪表 / 探针的制造商不同，ppm 可用不同的方式表示，因此下面转换表中有几列不同的 ppm。对于试图使用建议 ppm 值来进行水培种植的新手，这可能是困惑他们的一个问题，因为他们可能不确定他们所测定的 ppm 是否与推荐的 ppm 相同。为避免这种混淆，笔者建议使用 EC 表。如前所述，EC 可以反映营养液的导电性，当向溶液中添加肥料时，EC 值会增大，但是肥料中的营养成分对 EC 值的影响不同，有些营养成分对 EC 的影响很小，有的则很大。例如，EC 读数为 1mS/cm 时可能表示钙含量为 400ppm，也可能是磷含量为 620ppm。营养液中的化学成分以离子形式存在于营养液中，某些离子是较好的导体。几乎所有的 ppm 测定仪实际测定的是 EC 值，然后将 EC 值乘以厂家建议的换算系数，得到的数值即为 ppm 值。这意味着厂家必须事先根据营养液所含有的营养元素来确定换算系数。因此，为避免这种混乱，笔者建议优先选择测定 EC。

肥料贮存

肥料要存放在密封的容器中。干燥的肥料颗粒中，某些成分（如硝酸钙）能够吸收空气中的水分。干燥的肥料颗粒一旦吸收空气中的水分，便会结块。这种肥料块也许可以使用，但是由于重量和体积受到水分的影响，将很难准确地进行称量。

EC (mS/cm)	CF	ppm 500 (TDS)	ppm 700	EC (mS/cm)	CF	ppm 500 (TDS)	ppm 700
0.1	1	50	70	1.6	16	800	1120
0.2	2	100	140	1.7	17	850	1190
0.3	3	150	210	1.8	18	900	1260
0.4	4	200	280	1.9	19	950	1330
0.5	5	250	350	2	20	1000	1400
0.6	6	300	420	2.1	21	1050	1470
0.7	7	350	490	2.2	22	1100	1540
0.8	8	400	560	2.3	23	1150	1610
0.9	9	450	630	2.4	24	1200	1680
1	10	500	700	2.5	25	1250	1750
1.1	11	550	770	3	30	1500	2100
1.2	12	600	840	3.5	35	1750	2450
1.3	13	650	910	4	40	2000	2800
1.4	14	700	980	4.5	45	2250	3150
1.5	15	750	1050	5	50	2500	3500

关键词

EC——电导率

CF——导热系数

TDS——总可溶性固形物

6

无土栽培系统维护

再简易的菜园也要进行日常维护，在无土栽培菜园中，维护工作主要包括测定、调整营养液的浓度，定期清洗供液系统、栽培盆和贮液池等。

6.1 营养液管理

目前，生产上已有不少营养液管理方案。栽种的蔬菜种类、贮液池大小、菜园风格以及个人偏好都影响种植者的选择。笔者一般选择最省时的方案，当然，蔬菜的长势和品质有时会略受影响。如果种植者希望更好地进行养分管理，让蔬菜茁壮成长，那么，可以参考下文，下面我们将根据工作量的多少，向大家逐一介绍营养液的管理方案。

6.1.1 最轻松的管理方案

根据肥料包装上所推荐的肥料浓度，算出整袋或整包肥料的用水量，并修建相应尺寸的贮液池。如果营养液过酸或过碱，将 pH 调至合理范围内即可。达到采收标准的蔬菜应及时采收。种植过程中应注意贮液池内的水位高低，谨防蔬菜缺水缺肥。绿叶菜进行浮板式栽培时，可以采用该方案。当然，该方案也适用于其他系统，这些系统需配备足够大的贮液池，贮液总量应当满足蔬菜的水分需求。目前，笔者用该方案已经种出了很多蔬菜，它们的品相都还不错。当然，该方案也存在某些缺陷，比如它不大适用于生长周期长的蔬菜的栽培，如番茄、辣椒、黄瓜等果菜，但是如果种植者既想种这些菜，又想省点劲的话，可以定期往池内补水，因为果菜类蔬菜对水分的需求量较大。

6.1.2 较轻松的管理方案

本方案与上一种方案差不多，当贮液池内的水量不足时，需要迅速补充。不过时间一长将会过度稀释营养液，植物可能因此缺肥。本方法适用于一些需肥量低的速生蔬菜，比如芽苗菜、绿叶菜和某些香草类植物。种植某些果菜时也能用上该方案，但是如果贮液池过小，也容易出现缺肥的风险。

（香菜、芝麻菜、罗勒等蔬菜的种子都可以用于生产芽苗菜。——译者注）

6.1.3 较费力的管理方案

在无土栽培管理过程中，需要维持营养液的适宜浓度，惯用的方法是：先灌水后加肥，最终把营养液的电导率调至参考值（详见附录中常见蔬菜的参考电导率）。电导率稳定在参考值后，再用酸（使 pH 降低）或碱（使 pH 升高）调节营养液的 pH（酸碱度）。其实，我们身边的许多东西都能调 pH，比如，添加葡萄汁或柠檬汁能降低营养液的 pH，添加小苏打能提高营养液的 pH。

为了精确调整营养液的电导率，我们需要准备电导率仪、水溶性肥料、量杯、pH 计、酸碱调节剂（如柠檬汁或小苏打）和滴管。

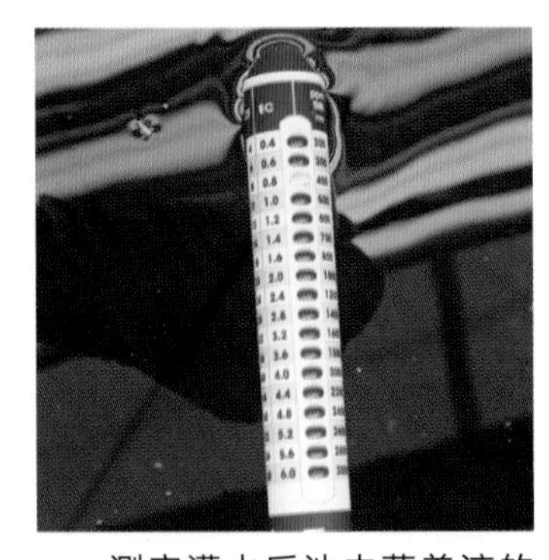

测定灌水后池内营养液的初始电导率

混匀肥料，充分溶解后倒入池内

倒肥时少量多次，谨防过量

加肥后，用手搅拌或用水泵让水循环起来，充分混匀水和肥

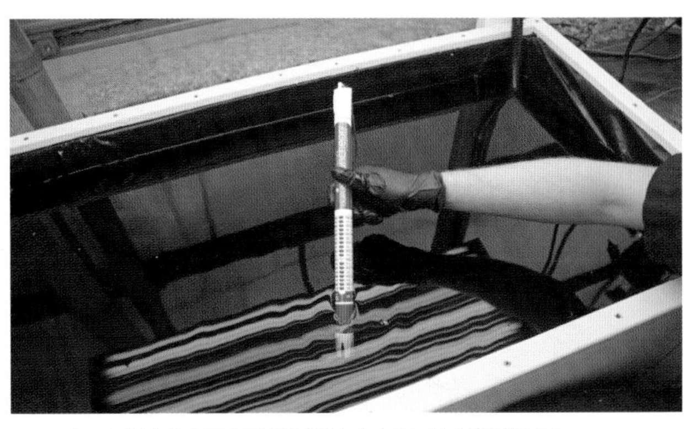

少量多次加肥直到营养液电导率达到理想值

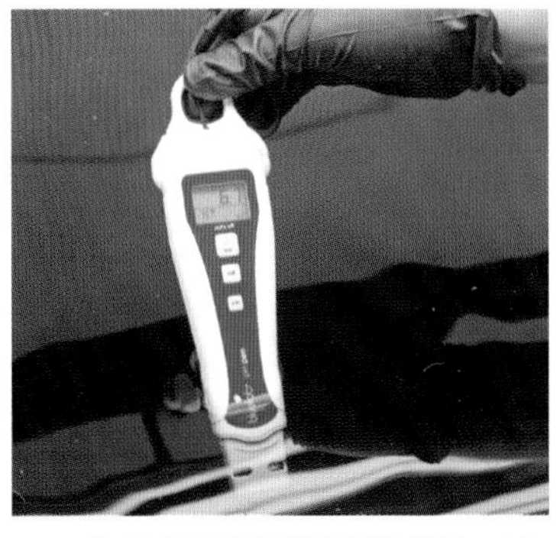

电导率达标后测定营养液 pH

遵守安全操作规范，避免酸或碱溅到皮肤上

加酸或加碱时少量多次

充分搅拌后重测营养液的 pH

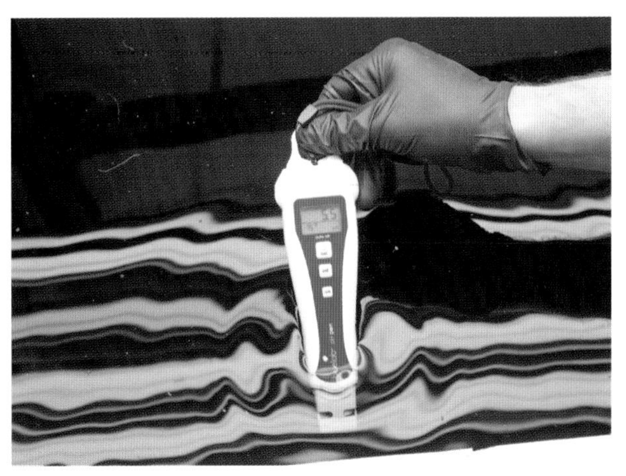

微调营养液的 pH 直至达标

更新营养液时替换下来的营养液不要浪费，可用来浇灌其他盆栽植物。

6.2 营养液更新

在一定程度上，电导率能够反映营养液中养分含量的情况。植物对有些养分需求高，对有些养分需求低。因此，在使用一段时间后，营养液中一些元素开始累积，而另一些元素则消耗殆尽，导致营养液出现养分失衡的问题。大型商业化农场经常会对营养液进行检测，获取养分含量的相关数据，为下一次配制营养液提供参考。为此，技术人员不仅要掌握扎实的化学知识，还要充分了解植物的养分需求特性。定期更新营养液可以降低养分失衡的发生频率。在更新营养液时，应先排尽系统中剩余的营养液，注入重新配制的营养液。作物种类、环境条件、系统类型、肥料和水质等都会影响营养液更新的次数。种植者大都遵循以下经验：当补水总量与贮液池的容积持平时，就需要进行更新了。

例如，一个 152L 的池子，每天蒸散的水量为（包括植物蒸腾和池内自然的水分蒸发）19L，为了抵消蒸散带来的影响，种植者每天需向池内补充等量的水。8 天后，种植者共注入 152L 的水（8 天 x19L/ 天 =152L），此时，补水总量与贮液池的容积持平。这种情况下，每过 8 天，种植者就需要对营养液进行一次更新。

使用水培专用肥料，并遵照肥料使用方法，可以减少更新次数。更新时获得的旧营养液不要浪费，可作为盆栽、苗床、草地和林地用水。传统菜园能把无土栽培菜园中使用过的营养液、植物残体以及基质利用起来，变废为宝。

6.3 营养液系统的清洁和消毒

市场上有许多药剂可用于无土栽培菜园的清洁和消毒，其中，日常使用的便是洗洁精。当然，有的种植爱好者也会用其他的清洁剂，如漂白粉（浓度为3.5 ~ 6.5g/L）、异丙醇（纯度不低于 70%）和双氧水（纯度不低于 3%，在使用浓度比较高的双氧水时，需严格遵循瓶子外包装标签上的安全守则）等进行菜园的清洁和消毒工作。

清洁前清除槽内的旧基质和植物残体

槽内湿润时清洗效果最佳，否则难以清除污垢和植物残体

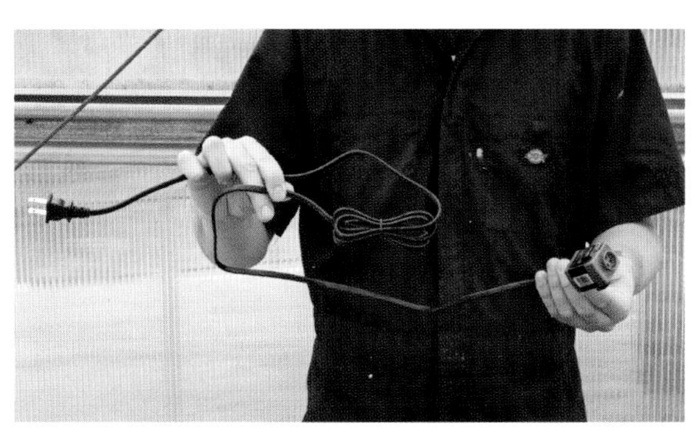

条件允许时，将水泵、砂头拆除后再清洗贮液池

通过冲洗育苗盘除去植物残体

洗洁精适用于大部分菜园

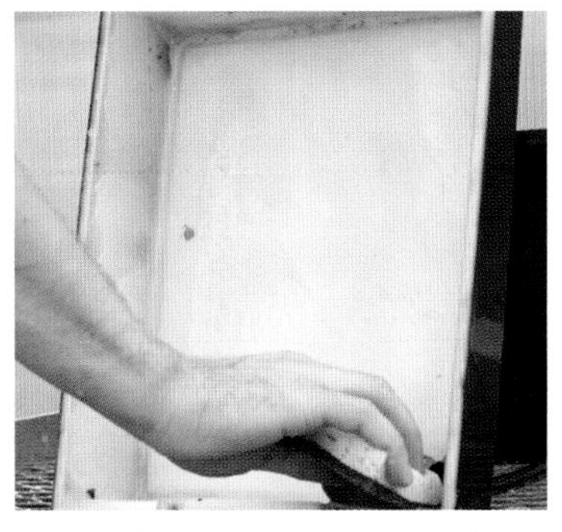

用海绵轻柔地刷洗栽培槽，防止产生刮痕

用刷子充分清洁水泵内、池底电线上残留的化肥

最后，擦干或风干这些部件

7

常见问题与解决办法

现在，大家已经学会了系统的安装、管理与维护，下面我们该学习如何诊断病害了。

7.1 植物缺素问题

养分不足和养分过量对植物都有害，在其他参考书里，一般只有叶部发病的照片，所以，种植者们很难准确判断病因，最终导致矫枉过正或者无法对症下药。营养液的 pH 和基质的 pH、植物所处的环境、苗龄、病原物等因素都会引起养分失衡的问题。有时，某些病症其实与养分水平无关，所以，在诊断病害时，我们还需关注以下几点。

- 该品种的所有植株是否都出现了类似的症状?
- 营养液的 pH 是否处于适宜作物生长的范围内，有没有过酸（低于 5.0）或过碱（高于 6.5)?
- EC 值是否处于适宜作物生长的范围内?
- 气温是否处于适宜作物生长的范围内?
- 水温是否处于适宜作物生长的范围内（不低于 13℃，也不高于 30℃)?
- 冠层是否具有良好的通风透气性?
- 是否有虫害?
- 光照强度是否处于适宜作物生长的范围内?
- 使用的营养液是否为无土栽培专用营养液?

如果以上指标都没有问题，那么问题可能就来自于养分失衡了，一般来说，最好的解决办法就是重新配制营养液。

上图中笔者手里拿的叶片，从左到右分别为正常、黄化和已经坏死的鼠尾草叶片

7.1.1 黄化和坏死

植物体内有一种绿色的色素，一般被称为叶绿素，缺少叶绿素时，植物叶片发生黄化。黄化的诱因有很多，例如，缺素和病虫害。叶片黄化持续一段时间后，植物组织将会坏死。坏死是指植物组织发生死亡的现象。

7.1.1.1 嫩叶黄化

植物在缺乏铁等微量元素时，其幼叶会变黄。大部分水培专用肥料中都含有充足的铁，但是，如果营养液的 pH 过高，这些铁就会变成植物难以利用的形式，从而导致植物缺铁。有些植物无法高效地吸收铁，罗勒便是其一，一旦营养液的 pH 高于 6，罗勒便会产生缺铁性黄化，而且，这种黄化是不可逆的。调节营养液的 pH 可以提高铁的有效性，从而避免幼叶的黄化。

叶片整体黄化，部分叶缘坏死的无花果叶片

7.1.1.2 老叶黄化

导致老叶黄化的原因有很多。

（1）缺氮　氮素是构成叶绿素的重要组分之一。缺氮时，植物会把叶绿素中的氮转运到需氮部位。感受到低氮胁迫时，老叶中的氮素会被运至新生组织。另外，营养液的 EC 值较低时，植物也易缺氮。一些种植新手在水培蔬菜时可能会遇到缺氮的问题。

幼叶黄化

植物发生缺氮或自然衰老时，老叶都会变黄。

（2）自然衰老　达到一定叶龄时，叶片开始衰老。观察大龄植株时，我们常会发现下部叶片多为衰老的叶片。无土栽培菜园里，蔬菜既有新叶也有老叶，而自然衰老引起的黄化通常只出现在老叶上。

（3）缺镁　缺镁或缺氮都会引起叶片黄化，两者的症状较为相似，但也存在部分差异。缺镁的植株，不仅叶片泛黄，叶缘或叶内也会出现部分坏死。在营养液中添加 $MgSO_4 \cdot 7H_2O$（每 10L 水中肥料的添加量为 1 ～ 2 茶匙），能够提高营养液中镁的浓度，从而有效地解决植物缺镁的问题。

7.1.2　干烧心

钙是植物细胞壁的重要组分，当植物缺钙时，往往会产生干烧心的症状。在光照强、气温高的环境里，植物生长迅速，所以，当植物吸收的钙无法满足其旺盛的生长需求时，就会引发干烧心。当然，也有许多方法能够避免干烧心的发生。

- 选用不同的蔬菜品种。有些品种容易发生干烧心，而有些品种不容易发生干烧心。
- 增加温室内的空气流通，通过提高植物的蒸腾速率，促进其对钙的吸收。
- 施用含氮量低的化肥，降低植物的生长速率。
- 对蔬菜进行部分遮光或者全部遮光处理，降低蔬菜的生长速率。
- 提高营养液中的钙浓度，不过，这个方法有时有效，有时却无效。

（干烧心由缺钙引起，发病初期菜叶顶部边缘向外翻卷，叶缘逐渐干枯黄化，病斑扩展，叶部组织呈水渍状，叶片上部也逐渐变干黄化，最终变黑，叶肉呈干纸状。——译者注）

生菜上出现的干烧心

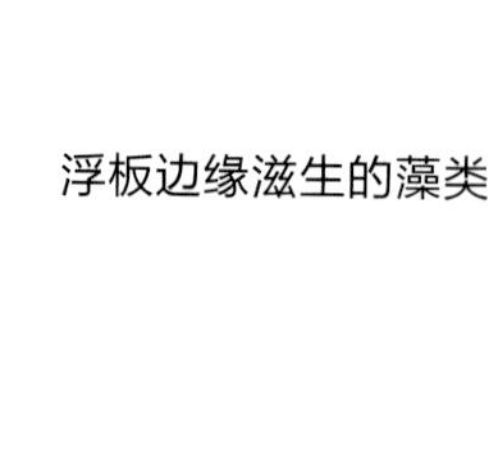

浮板边缘滋生的藻类

7.2 病虫害问题

7.2.1 藻类

藻类本身无害，但它却会引发其他问题。首先，藻类会和植物竞争养分，当然，这只是一个小问题，但是它们会带来更大的问题：藻类存在时，容易滋生大量的蕈蚊（fungus gnats）和水蝇（shore flies）。减少营养液的曝光时间能够有效减少藻类的滋生。过度浇水时，植株表面也常有藻类出现，不过，它们对植物几乎没有危害。

7.2.2 蕈蚊和水蝇

蕈蚊以真菌、藻类和植物残体为食，它的成虫通常无害，而它的幼虫以植物根系为食，啃食后产生伤口，腐霉菌和镰刀菌很容易通过这些伤口侵染植物。水蝇和蕈蚊长得很像，但它的幼虫对植物根系无害。除了有点烦人外，水蝇并不会造成什么危害。蕈蚊和蚊子长得很像，腿部较长，而水蝇则更像果蝇。现在，有多种方法能够有效地防治蕈蚊和水蝇。

水蝇通常将卵产在浮藻上，它的幼虫以藻类为食。

薄荷叶上的蚜虫

（蚜虫，又称腻虫、蜜虫，是一类植食性昆虫，常群集于蔬菜嫩梢和嫩叶吸食汁液，导致蔬菜苗期叶片卷曲、发黄，植株矮缩，生长缓慢，严重时嫩梢枯萎，破坏叶绿素，降低光合作用，可造成蔬菜严重减产。——译者注）

受蓟马危害的叶片

（蓟马为昆虫纲缨翅目的统称，其常取食植物幼嫩组织，如枝梢、叶片、花、果实等部位的汁液，被害的嫩叶、嫩梢变硬且卷曲枯萎，植株生长缓慢，节间缩短；幼嫩果实，如茄子、黄瓜、西瓜等被害后会硬化，严重时造成落果，影响产量和品质。——译者注）

- 及时清除种植区内的藻类和植物残体。
- 引入昆虫病原线虫（病原线虫可以通过寄生杀死昆虫）。
- 使用含有苏云金芽孢杆菌（Bt）的农药。
- 使用含有印楝素的有机农药。
- 使用含有除虫菊酯的有机农药。

7.2.3 蚜虫

蚜虫虽然不会直接杀死植物，但是也会对植物的生长产生不利的影响，并且蚜虫还会传播病毒。蚜虫活动时，会在叶片上留下带有黏性的蜜露，这些蜜露不仅会招来蚂蚁，也会滋生一些真菌。生产上，种植者可以用杀虫皂、含有印楝素或除虫菊酯的农药防治蚜虫。

7.2.4 蓟马

被蓟马为害的植株将会出现多种后遗症，如叶部病斑、畸形花、畸形叶等。蓟马很难防治，几乎在所有的作物上都能发现蓟马。引入草蛉、肉食性螨、寄生蜂、花蝽等天敌能够有效地遏制蓟马，有机农药多杀霉素也可以对付蓟马。此外，杀虫皂、含有印楝素或除虫菊酯的有机农药也可以在蓟马防治上起到一定的作用。

7.2.5 红蜘蛛（也称叶螨）

菜园中最常见的红蜘蛛（叶螨）是二斑叶螨，其为害对象一般是番茄、茄子、黄瓜和草莓等作物。在其为害早期，叶片的上表面会出现暗斑，随着为害程度加深，叶片黄化甚至掉落。病害严重时，还能在叶片表面发现网状织带。较干的环境与施肥过量时往往会招来红蜘蛛，而且红蜘蛛喜欢聚集在植株顶部的叶片上。引入天敌是防治红蜘蛛的重要手段，一般常用的天敌有智利小植绥螨和伪钝绥螨。此外，杀虫皂和印楝油也能有效防治红蜘蛛。交替使用两种农药时，最佳间隔期为 5 ～ 7 天。农药很难杀灭红蜘蛛卵，因此，想要有效防治红蜘蛛，隔一段时间就需要打一次药。

（红蜘蛛主要为害植物的叶、茎、花等，刺吸植物的茎叶，使受害部位水分减少，表现失绿变白，叶表面呈现密集苍白的小斑点，卷曲发黄，严重时植株发生黄叶、焦叶、卷叶、落叶和死亡等现象。——译者注）

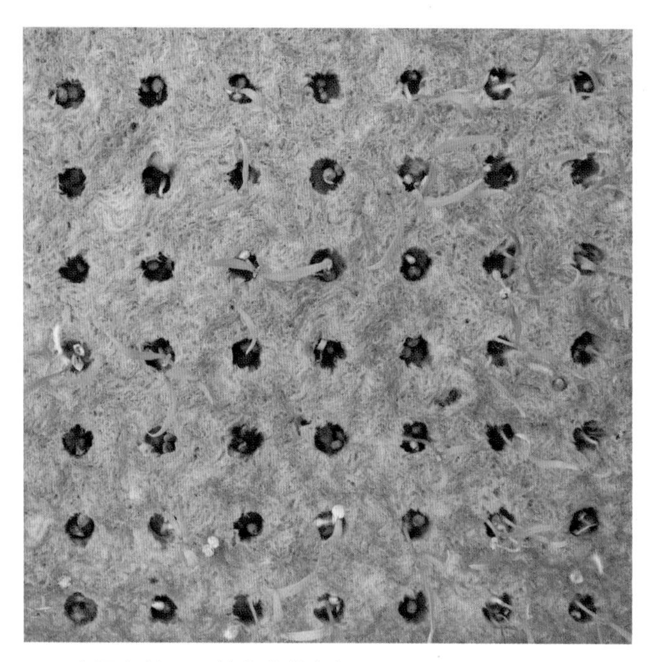

高温条件下，菠菜发芽率低

弱光环境下的罗勒出现徒长迹象。图中的这批苗虽然还能勉强使用，但已经处在弃用的边缘。弱光下生长的苗茎秆细长，容易倒伏。

7.3 育苗问题

对种植新手而言，育好一批苗绝非易事。造成种子发芽率低、死苗和弱苗的原因有很多。

- 基质过湿时容易烂苗（以颗粒较小的椰糠或者黏土作为育苗基质时，容易出现此类问题）。
- 基质过干。
- 弱光条件下，幼苗徒长，容易引起倒伏。
- 有些种子的发芽率本身就比较低。
- 有些种子易受环境温度的影响。

7.3.1 萎蔫

日常管理菜园时，种植者往往很难控制浇水量，因此，常常出现浇水过量的问题。间干间湿对植物根系生长比较有利。其实，有很多方法可以协助种植者确定浇水量，一般常用的有手指探测法、估重法以及湿度计法。手指探测法最容易，即用手指探测感受基质的湿度，但是，当栽培用盆较大时，就不能采用这种方法了，因为人类手指的长度有限，无法探到盆底，这就导致有时表层基质已完全干

停电或水泵发生故障时，营养液膜系统内的蔬菜会在很短的时间内萎蔫

燥，而底部基质仍很湿润。估重法也能大致判定基质含水率，如果感觉盆很轻，那就应当浇水了。此外，市售的湿度计也能检测基质湿度，但一般情况下，前两种方法就够用了。

7.3.2 烂根

根系死亡后发生腐烂，最终变成棕褐色。引起烂根的原因有很多。

- 根区氧气含量低，浇水过多、基质通气性差、水温过高。
- 营养液电导率过高或者养分亏缺。
- 营养液 pH 过高或过低。
- 营养液水温高于 32℃。
- 清洗时未完全除尽洗涤剂，最终对植物造成毒害。
- 存在引起根腐病的病原物。

经常清洗水培系统，及时清理出现烂根的植株，杀灭病原物。在补苗前，确保环境条件已经达标。在营养液膜栽培系统中，增加营养液的流速可以避免烂根。在浮板式栽培系统中，增加空气流通可避免烂根。此外，把贮液池修建在地下也能降低水温，也可以配备一个冷却系统来降低营养液温度，这两种方法都可以有效减少高温引发的烂根。

附录　常见蔬菜的栽培参考指南

生菜

建议采用的 DIY 系统：本书中提及的所有栽培系统。

催芽温度：催芽的最适温度为 15 ~ 21℃，当然，也可以适当放宽到 10 ~ 29℃。

营养液温度：灌溉时，营养液的最适温度为 18 ~ 21℃，也可以适当放宽到 13 ~ 32℃。

营养液电导率（EC）：据观测，在不同电导率的营养液中，生菜都能正常生长，这个范围低至 0.7mS/cm，高至 2.8mS/cm。因为光强、水质、环境和苗龄等因素都会影响生菜对于营养液电导率的需求，最适合生菜的电导率为 1.8 ~ 2.3mS/cm。

pH 值：营养液的最适 pH 为 5.5 ~ 6.0，当然，pH 为 5.2 ~ 7.0 时也能生长。

气温：生菜生长的最适气温为 18 ~ 24℃，气温为 10 ~ 35℃也可以生长。

罗勒

播种密度较高时，罗勒长势较好，穴盘的每个穴内，播 5 ~ 8 颗种子，且不要间苗，因为有些植株长得快，有些植株长得慢。

建议采用的 DIY 系统：本书中提及的所有栽培系统。

催芽温度：催芽的最适温度为 18 ~ 24℃。

营养液温度：灌溉时，营养液的最适温度为 21 ~ 24℃，也可以适当放宽到 15 ~ 35℃。

电导率（EC）：据观测，在不同电导率的营养液中，罗勒都能正常生长，这个范围低至 0.7mS/cm，高至 2.8mS/cm。因为光强、水质、环境和苗龄等因素都会影响罗勒对于营养液电导率的需求，最适合罗勒的电导率范围为 1.8 ~ 2.3mS/cm。

pH 值：营养液的最适 pH 为 5.5 ~ 6.0，pH 为 5.2 ~ 7.0 时也能生长。

气温：罗勒生长的最适气温为 21 ~ 27℃，气温为 12 ~ 38℃也可以生长。

辣椒

辣椒的最适株间距为 46 ~ 64cm。辣椒喜光，但是光照太强时，辣椒果实会被晒伤。辣椒对根际的需氧量要求较高。对辣椒进行灌溉时，需要间干间湿。

建议采用的 DIY 系统：潮汐式灌溉系统或者滴灌系统。

催芽温度：催芽的最适温度为 24 ~ 27℃。

营养液温度：灌溉时，营养液的最适温度为 18 ~ 21℃，也可以适当放宽到 12 ~ 29℃。

电导率（EC）：据观测，在不同电导率的营养液中，辣椒都能正常生长，这个范围低至 0.7mS/cm，高至 2.5mS/cm。因为光强、水质、环境和苗龄等因素都会影响辣椒对于营养液电导率的需求，最适合辣椒的电导率为 1.4 ~ 1.8mS/cm。

pH 值：营养液的最适 pH 为 5.5 ~ 5.8，pH 为 5.0 ~ 7.0 时也能生长。

气温：辣椒生长的最适气温为 24℃，气温为 12 ~ 38℃也可以生长。

番茄

有很多品种的番茄可以采用水培的方式进行种植，笔者建议，种植者可以选择自己喜欢的品种进行尝试。番茄喜光，但是有些品种也可以适应弱光环境。许多指南建议，栽培番茄时，把气温控制在 16 ~ 24℃，但在这里，笔者建议保持一个更高的温度，尤其是对于樱桃番茄，其耐热性较高，可以耐受 32℃以上的高温。

建议采用的 DIY 系统：潮汐式灌溉系统或者滴灌系统。

催芽温度：催芽的最适温度为 24 ~ 27℃，有些品种也可以适当放宽到 21 ～ 33℃。

营养液温度： 灌溉时，营养液的最适温度为 18 ～ 24℃，也可以适当放宽到 15 ～ 35℃。

电导率（EC）： 据观测，在不同电导率的营养液中，番茄都能正常生长，这个范围低至 1.2mS/cm，高至 2.5mS/cm，因为光强、水质、环境和苗龄等因素都会影响番茄对于营养液电导率的需求。

pH 值： 营养液的最适 pH 为 5.5 ～ 6.0。

气温： 番茄生长的最适气温为 15 ～ 24℃。

草莓

草莓冠层应高于基质表面、不要沾到基质。如果湿度过大，草莓冠层会发生腐烂甚至死亡。

建议采用的 DIY 系统： 本书中，除了瓶式栽培系统外的所有栽培系统。

催芽温度： 种植者可以用种子繁殖草莓苗，但是种植者一般会直接购买成苗，如果想要自己用种子育苗，建议催芽温度为 21℃。

营养液温度： 灌溉时，营养液的最适温度为 15 ～ 21℃。

电导率（EC）： 营养液最适电导率为 0.8 ～ 1.2mS/cm。

pH： 营养液的最适 pH 为 5.5 ～ 6.0。

气温： 草莓生长的适宜气温为 15 ～ 27℃。

羽衣甘蓝

如果想要获得芽苗菜，生长周期控制在 10 ～ 15 天，如果想要获得小型蔬菜，生长周期控制在 20 ～ 25 天，如果想要获得成熟的蔬菜，生长周期控制在 35 ～ 60 天。芽苗菜和小型蔬菜阶段的羽衣甘蓝可以用来制作沙拉，而成熟阶段的羽衣甘蓝则适合烹饪。冷凉的气候条件有助于羽衣甘蓝色泽和风味的形成。

建议采用的 DIY 系统： 本书中提及的所有栽培系统。

催芽温度： 催芽的最适温度为 24 ～ 30℃。

营养液温度： 灌溉时，营养液的最适温度为 15 ～ 24℃。

电导率（EC）： 营养液最适电导率为 1.2 ～ 2.3mS/cm。

pH 值： 营养液的最适 pH 为 5.5 ～ 6.5。

气温： 羽衣甘蓝生长的最适气温为 15 ～ 33℃。

菠菜

建议采用的 DIY 系统： 本书中提及的所有栽培系统都可以用来种植菠菜，但是水培菠菜的难度会高一些。

催芽温度： 最适温度为 7 ～ 18℃。菠菜种子喜凉，催芽时，温度尽量控制在 27℃以下。

营养液温度： 灌溉时，营养液的最适温度为 10 ～ 21℃。

电导率（EC）： 营养液最适电导率为 0.7 ～ 2.3mS/cm。

pH 值： 营养液最适 pH 为 5.5 ～ 6.0。

气温： 适宜菠菜生长的气温为 18 ～ 24℃。

芽苗菜

催芽温度： 最适温度为 21 ～ 27℃。

营养液温度： 灌溉时，营养液的最适温度为 15 ～ 21℃。

电导率（EC）： 营养液最适电导率为 0.7 ～ 2.5mS/cm，芽苗菜不需要太多肥料。此外，即使营养液的电导率偏高，芽苗菜也能正常生长。

pH 值： 营养液最适 pH 为 5.5 ～ 6.0。

气温： 芽苗菜生长最适气温为 15 ～ 24℃。

（香菜、芝麻菜、罗勒等蔬菜的种子都可以用来生产芽苗菜。——译者注）

参考书目

Brechner, Melissa, Dr., A. J. Both, and CEA Staff. Cornell *Controlled Environment Agriculture Hydroponic Lettuce Handbook.* Ithaca, NY: Cornell University CEA Program. www.cornellcea.com/attachments/Cornell%20CEA%20Lettuce%20Handbook%20.pdf

Hydroponics | The University of Arizona Controlled Environment Agriculture Center. www.ceac.arizona.edu/hydroponics.

Resh, Howard M. *Hydroponic Food Production: A Definitive Guidebook for the Advanced Home Gardener and the Commercial Hydroponic Grower.* 7th ed. Boca Raton, FL: CRC Press, 2013.

Resh, Howard M. *Hobby Hydroponics.* 2nd ed. Boca Raton, FL: CRC Press, 2013.

Resh, Howard M. *Hydroponics for the Home Grower.* Boca Raton, FL: CRC Press, 2015.

Sweat, Michael, Richard Tyson, and Robert Hochmuth. "Building a Floating Hydroponic Garden." University of Florida IFAS Extension. March 15, 2016. www.edis.ifas.ufl.edu/hs184.

Taiz, Lincoln, and Eduardo Zeiger. *Plant Physiology.* 5th ed. Sunderland: Sinauer Associates, 2010.

图片来源

Hydrofarm: 14 (all), 15 (middle and bottom), 16 (top, all; bottom, left two), 17 (left, all), 18 (all), 19 (all), 20 (bottom right), 22, 23 (all), 24 (all), 25 (all), 27 (left, both), 28 (all), 29 (both), 30 (top), 31, 140 (bottom), 148 (all)

NASA: 3

Shutterstock: 扉页，目录，正文第1页, 12, 20 (top left and right, bottom left), 34, 38